ACCESO GRATIS ***a la Lectura en la Nube***

Para visualizar el libro electrónico en la nube de lectura envíe junto a su nombre y apellidos una fotografía del código de barras situado en la contraportada del libro y otra del ticket de compra a la dirección:

ebooktirant@tirant.com

En un máximo de 72 horas laborales le enviaremos el código de acceso con sus instrucciones.

La visualización del libro en **NUBE DE LECTURA** excluye los usos bibliotecarios y públicos que puedan poner el archivo electrónico a disposición de una comunidad de lectores. Se permite tan solo un uso individual y privado

DERECHO DE LA COMPETENCIA ECONÓMICA

DERECHO DE LA COMPETENCIA ECONÓMICA

FACULTAD DE DERECHO UNIVERSIDAD NACIONAL AUTÓNOMA DE MÉXICO

Coordinador:

IVÁN ADELCHI PEÑA ESTRADA

tirant lo blanch

Ciudad de México, 2024

© EDITA: TIRANT LO BLANCH
DISTRIBUYE: TIRANT LO BLANCH MÉXICO
Av. Tamaulipas 150, Oficina 502
Hipódromo, Cuauhtémoc, 06100 Ciudad de México
Telf: +52 1 55 65502317
infomex@tirant.com
www.tirant.com/mex/
www.tirant.es
ISBN: 978-84-1056-140-3

Autores

Marco Antonio Zeind Chávez

Rafael Muñoz Fraga

José Luis Mancilla Rosales

Gustavo Alejandro Uruchurtu Chavarín

Yvonne Georgina Tovar Silva

Iván Adelchi Peña Estrada

Gustavo Santilla Meneses

Arturo González Jiménez

Héctor Benito Morales Mendoza

Jorge Witker

Índice

UNIDAD 1
Introducción al Derecho de la Competencia Económica 11

UNIDAD 2
Conceptos elementales de competencia económica 31

UNIDAD 3
Órganos encargados de la competencia en México 53

UNIDAD 4
Prácticas Monopólicas Absolutas. 81

UNIDAD 5
Prácticas monopólicas relativas 107

UNIDAD 6
Concentraciones 131

UNIDAD 7
Procedimientos 157

UNIDAD 8
Sanciones en materia de Competencia Económica 187

UNIDAD 9
Criterios jurisdiccionales 211

UNIDAD 10
Autoridades internacionales 237

EPÍLOGO
Competencia y Comercio Exterior 265

Prólogo

En un mundo cada vez más interconectado y globalizado, el Derecho de la Competencia Económica se ha convertido en un pilar fundamental para el buen funcionamiento de los mercados y la protección de los consumidores.

Este libro pretende introducir al lector a la Competencia Económica, mediante una guía concreta y accesible que permita comprender los conceptos, órganos, prácticas y procedimientos que rigen esta importante área del derecho.

La obra comienza con una Introducción al Derecho de la Competencia Económica, donde se explican los antecedentes nacionales e internacionales, los principios básicos y la importancia de la competencia como mecanismo para evitar abusos de poder en el mercado y promover la eficiencia económica, pues lo anterior funge como piedra angular de los alcances y objetivos de esta materia.

Mientras tanto, en la segunda unidad se abordan los conceptos elementales de la competencia económica, comenzando por los principios económicos básicos, términos y definiciones clave que forman la estructura de este campo jurídico. Este capítulo es esencial para los lectores que buscan familiarizarse con el lenguaje y las nociones fundamentales de la rama multicitada.

Por su parte, la tercera unidad se aboca a los órganos encargados de la competencia económica en México, lo que ofrece un panorama detallado de las instituciones y autoridades responsables de la regulación y supervisión de la competencia económica en el país, además de abordar los atecedentes que dieron paso a la creación de dichos organismos. Este capítulo proporciona una visión clara de cómo se estructuran y operan estos organismos, lo cual es crucial para entender el marco regulatorio mexicano y sus implicaciones.

Las Prácticas Monopólicas Absolutas y las Prácticas Monopólicas Relativas, abordadas en las unidades 4 y 5 respectivamente, se centran en las conductas prohibidas por la Ley Federal de Competencia Económica y algunos casos emblemáticos. Estas secciones son vitales para identificar y analizar las distintas formas de comportamiento anticompetitivo que pueden surgir en el mercado.

En la sexta unidad sobre concentraciones, se examina el control de fusiones y adquisiciones a través del proceso de notificación ante las autoridades de competencia, lo cual es un aspecto crítico para prevenir la concentración excesiva del mercado y mantener un entorno competitivo.

La séptima unidad sobre procedimientos, guía al lector a través de los procesos legales y administrativos que se siguen en los casos de competencia económica, llevados a cabo ante la Comisión Federal de Competencia Económica.

La octava unidad sobre sanciones en materia de Competencia Económica, detalla las consecuencias legales para quienes violan las normativas de competencia, proporcionando una comprensión completa de las medidas correctivas y punitivas disponibles en el marco jurídico mexicano.

Por otro lado, los criterios jurisdiccionales en la unidad 9, analizan las interpretaciones y decisiones de los tribunales en materia de competencia, ofreciendo una visión de cómo se aplican las leyes en la práctica judicial.

La décima unidad sobre autoridades internacionales, expande el enfoque hacia el ámbito global, explorando las entidades internacionales que influyen en la competencia económica y sus interacciones con las autoridades nacionales.

Finalmente, en el Epílogo a cargo del Dr. Jorge Witker, se aborda la relación de la Competencia Económica y el Comercio Exterior, concluyendo la obra con una reflexión sobre la interrelación entre la competencia económica y el comercio internacional, destacando la importancia de la cooperación global en la promoción de mercados competitivos. Sin embargo, se destaca la deafortunada situación en la práctica en que los tratados internacionales generalmente se alejan de los objetivos de la libre competencia.

Este libro pretende ser una herramienta invaluable para estudiantes e interesados por el derecho y la economía, que buscan profundizar su conocimiento y aplicación del Derecho de la Competencia Económica en México. Las autoras y los autores desean que esta obra enriquezca la comprensión de esta área crucial del derecho, y que les proporcione a los lectores los conocimientos necesarios para contribuir al interés de esta rama, con la intención de sumar esfuerzos para la creación de mercados más justos y eficientes.

Por ello es crucial visibilizar al Derecho de la Competencia Económica como la rama que asegura el funcionamiento eficiente y justo de los mercados, asumiendo la dinámica en la que múltiples empresas compiten en un mercado para ofrecer productos y servicios, lo que beneficia tanto a los consumidores como a la economía en general. A través de un mercado competitivo, se promueven la innovación, la calidad y la reducción de precios, lo que resulta en una mejor oferta para los consumidores.

Un conocimiento profundo de la competencia económica es esencial para identificar y combatir prácticas anticompetitivas que pueden perjudicar a los consumidores y a la economía. Las prácticas monopólicas, tanto absolutas como relativas, pueden llevar a una concentración excesiva del poder de mercado, permitiendo a ciertas empresas imponer precios elevados, limitar la oferta o frenar la innovación. Entender estas prácticas y las leyes que las regulan permite a las autoridades y a los profesionales del derecho tomar medidas preventivas y correctivas para mantener un mercado equitativo y dinámico.

En este sentido, la presente obra busca que sus lectores puedan estár involucrados en las decisiones y mecanismos que se adoptan en el marco de la Competencia Económica, los cuales permiten garantizar mercados justos y eficientes, pero además, permiten fomentar el desarrollo económico sostenible y la innovación. Al conocer y aplicar estas normativas, se protege a los consumidores, se promueve la equidad en el mercado y se asegura un entorno favorable para el crecimiento y la prosperidad económica a largo plazo.

Felicidades al Mtro. Iván Adelchi Peña Estrada por la coordinación y a todas las autoras y a todos los autores por el loable esfuerzo de realizar la presente obra en aras de buscar dar una mayor difusión a una primordial y creciente rama del Derecho que, sin duda, establecerá algunas de las más importantes reglas en un futuro cada vez más interconectado y globalizado.

DR. MARCO ANTONIO ZEIND CHÁVEZ
PROFESOR DE CARRERA POR OPOSICIÓN DE LA
FACULTAD DE DERECHO DE LA UNAM

UNIDAD 1
Introducción al Derecho de la Competencia Económica

MARCO ANTONIO ZEIND CHÁVEZ

1.1 ¿QUÉ ES LA COMPETENCIA ECONÓMICA?

El surgimiento de la Competencia Económica en nuestro ordenamiento nacional tiene contextos políticos específicos de Política Pública para el mejoramiento regulatorio. Dicho contexto puede ser entendido desde el artículo 28° Constitucional, el cual enuncia la restricción expresa para limitar a los agentes económicos de nuestro país, para así promover la libre competencia y concurrencia de productos en el mercado.

Derivado de lo anterior, se pretende que exista una política de competencia para velar que dichos agentes no generen daños en las condiciones de competencia, promoviendo así una economía de bienestar. Es decir, maximizando el Bienestar social, sobre todo el del consumidor[1].

De esta manera, la Competencia Económica se traduce en procurar eficiencia en los mercados. Por lo tanto, el daño o efectos adversos a los agentes económicos y consumidores -contrario sensu, bienestar del consumidor- (oferta-demanda), forma parte del análisis para ver si hay ausencia de condiciones de competencia efectiva y ver si se está en presencia de una conducta anticompetitiva (en caso de actualizarse).

---

1 Cfr. RAMÍREZ HERNÁNDEZ, Ricardo, Manual de derecho económico, México, FCE, p. 23.

Esta materia es considerada una rama del Derecho Económico que se compone por el conjunto de normas que regulan conductas anticompetitivas de los agentes económicos, ya sean personas físicas, morales, públicas, privadas o incluso un Grupo de Interés Económico. Con esto, debe considerarse que la definición de agente económico no se basa solamente en el concepto jurídico de persona como sujeto de derechos; es decir, no responde a un "quién" sino a un "cómo" participa en el mercado.[2]

1.1.1 Concepto

En un sistema económico de libre mercado, la competencia se traduce en la concurrencia o coincidencia de oferentes y demandantes de bienes o servicios en un mercado delimitado en un sentido geográfico, temporal y productivo, con la finalidad de obtener un bien o servicio (o una ganancia) en las mejores condiciones de utilidad y precio, dado un ambiente de rivalidad entre los competidores.

En aras de que se logre lo anterior, es necesario que en el mercado no existan condiciones que favorezcan la posición de un competidor en relación con el resto; lo cual, en la mayoría de los casos, sucede si existen en el mercado gran cantidad de oferentes y demandantes. Aunque en ocasiones es eficiente que exista un solo oferente, como es el caso de los monopolios naturales.

Cuanto mayor sea el número de oferentes del bien o servicio (agentes económicos) que operan en un mercado, mayores tenderán a ser, por regla general, las posibilidades de que éstas actúen independientemente, y así se evitara que abusen de poder.

En este orden de ideas, se debe precisar que, tener alta participación en el mercado no es lo que persigue y castiga la Ley Federal de Competencia Económica (LFCE), sino que se abuse del poder

---

2 Amparo en revisión 169/2007.

sustancial en el mercado para impedir que entren más competidores, o bien, que se utilice para incrementar los costos o disminuir la calidad del bien o servicio en perjuicio de los consumidores.

Por lo tanto, no solo es necesario que el mercado se encuentre fragmentado, esto es, que existan múltiples oferentes y demandantes, sino que además ninguno de ellos debe contar con un mismo poder económico dentro del mercado. Así se evita que sea capaz de determinar unilateralmente el precio del bien o la cantidad del mismo.

En consecuencia, se reconoce que la existencia de leyes o normas para regular dicha discriminación y controlar el poder económico parte de la idea de comercio justo.

Hasta antes de la Reforma de 2013, el derecho de la competencia económica era considerado una rama del derecho económico que regulaba y ordenaba los mercados mediante sanciones, no obstante, con dicha reforma surgieron los procedimientos especiales que no son de naturaleza sancionadora sino correctiva. Es así, que las autoridades de competencia pueden solamente opinar o emitir recomendaciones a las autoridades sectoriales.

Conforme a esto es que jurídicamente se deben distinguir los conceptos de libre concurrencia y libre competencia. El primer concepto se refiere a la existencia de sectores económicos totalmente abiertos a la participación de los agentes económicos.

Se busca que exista un acceso igualitario de todos los agentes interesados en producir bienes o prestar servicios, con barreras a la entrada superables, puesto que en cualquier mercado existirán barreras, por ejemplo, altos costos de inversión, permisos, etc. Esto sin dejar de lado que pueden presentarse monopolios naturales, especialmente en materia de recursos naturales, donde en casos limitados y especiales se permite esta limitante a la libre concurrencia. Tal es el caso de México en materia de hidrocarburos.

Por otro lado, la libre competencia supone la participación de distintos agentes económicos en el interior de un mercado específico, los cuales han superado las barreras de entrada (libre concurrencia) que eventualmente pudieran existir.

Evidentemente ambos conceptos tienen un enfoque hacia la oferta y la demanda pero se distinguen porque, por una parte, para la libre concurrencia el agente económico debe tener libertad de acceder a un mercado no capturado, abierto y carente de obstáculos que reserven el mercado en cuestión a unos cuantos, o que haga imposible acceder. Mientras que, la libre competencia, implica la igualdad con respecto a otros agentes económicos que deseen acceder al mercado, es decir, busca igualdad de oportunidad.

1.1.2 Objetivos y alcances

Desde el punto de vista de la teoría económica, el término competencia es entendido como una situación de mercado, que puede tener dos extremos: competencia perfecta y competencia monopólica.

La competencia perfecta es un modelo ideal, por lo que es una situación que jamás se presentará en el mundo real y supone las siguientes características:

- Gran número de agentes económicos, infinitamente pequeños quienes maximizan su ganancia o su utilidad.
- No existen barreras a la entrada al mercado (puesto que siempre existirá algún tipo de barrera económica o jurídica).
- No hay restricciones al comercio entre países, es decir, existe libre movilidad de factores (de aquí la relación estrecha entre la competencia económica y el régimen de inversión internacional).

- No existe diferenciación por productos, ya que se trata de un producto idéntico.
- Existe información completa y perfecta.

En el extremo opuesto se encuentra el monopolio donde no se cumplen los supuestos mencionados con anterioridad, es decir, se considera que existe un monopolio en el mercado cuando:

- Existe una sola empresa que produce un bien para el cual no existen sustitutos.
- Dicha empresa puede fijar el precio o las cantidades a producir (reduciendo la oferta) de tal modo que obtenga una mayor utilidad.

Así pues, la postura del Estado en relación con la competencia resulta contradictoria, ya que mientras por una parte establece normas tendientes a facilitar la competencia en el mercado, por otra parte es el mismo Estado quien desarrolla actividades monopólicas, por tratarse de sectores estratégicos.

Actualmente el Estado debe intervenir de manera mínima en el mercado, por lo que debe limitarse al manejo de la libre concurrencia y de la libre competencia como instrumentos de política económica.

No debe perderse de vista que es inevitable en muchas ocasiones que exista cierto grado de monopolización, puesto que, en un modelo neoliberal basado en la globalización, siempre existirá una tendencia natural al monopolio. Una economía capitalista cae, por regla general, en la concentración de capitales.

Es precisamente por esto que no está prohibido que una empresa posea una posición dominante en el mercado (conocido como poder relevante / sustancial) sino que abuse de esta. Para esto existen los mecanismos de prevención y control (facultades preventivas y sancionatorias), con el propósito de que no se limiten los procesos de concurrencia y competencia en el mercado.

1.1.3 Política de competencia

En los últimos años la política de competencia se ha convertido en una de las políticas de mayor importancia a nivel mundial, sobre todo a la luz de procesos de integración económica que expanden el tamaño de los mercados más allá de las fronteras de un país , es decir, que persiguen los ideales de la globalización.

En este mismo sentido lo ha reconocido el gobierno de Noruega ante la Organización Mundial del Comercio (OMC):

Durante las últimas décadas hemos sido testigos de una importante liberalización del comercio de mercancías y servicios. No obstante, a medida que prosigue el proceso de mundialización, reconocemos que el comportamiento comercial anticompetitivo, combinado con la falta de políticas nacionales eficaces, en materia de competencia, puede impedir el acceso a los mercados y reducir o anular así los beneficios obtenidos mediante la liberalización del comercio.

Ahora bien, de acuerdo con Xavier Ginebra Serrau, dos son las corrientes opuestas que atribuyen distinto valor a la política de competencia, entre las cuales giran todas las demás:

De un lado la caracterización de la competencia como una garantía de la libertad de obrar de los operadores económicos (empresas y consumidores) (...) De otro lado, desde la otra perspectiva, desde la óptica populista se le ha atribuido a la competencia la función de adecuar el orden económico al político. La competencia debería servir para procurar la difusión del poder económico: de la misma manera que en una democracia, todos los ciudadanos tienen derecho a participar, a través de diversos medios en el poder económico (…).

Según Gabriel Castañeda Gallardo, la política de competencia económica es un sistema compuesto por la legislación y su correspondiente aplicación, que tiene la finalidad de proteger el proceso de competencia e inevitablemente a los consumidores. Entonces presupone niveles mínimos de desregulación, privatización y apertura económica.

(...) la política de competencia comprende no sólo el régimen antimonopólico (control de prácticas anticompetitivas), sino un espectro más amplio en el que caben como condiciones previas:

- La desregulación como proceso permanente de prevención y supresión de reglas ineficientes.
- La privatización como un vehículo para devolver a la sociedad los medios y canales para la producción eficiente y responsable.
- La apertura comercial como política necesaria para captar y dar incentivos a las ventajas competitivas (nacionales y hacia el extranjero), obtener óptima competitividad y estimular mayor competencia.
- Un mínimo de cultura empresarial de competencia que considere natural y eficiente la rivalidad y evite "capturar al regulador".

Los factores económicos que justifican la existencia del derecho de la competencia derivan de la teoría económica y de la aplicación de políticas económicas concretas. No obstante, lamentablemente la realidad es muy diferente a los supuestos del modelo básico de competencia, pues existen empresas de grandes dimensiones que operan en los mercados mundiales ejerciendo poder monopólico, jurídicamente sancionadas por la regulación de prácticas restrictivas; la movilidad de factores es parcial y varía en los diversos procesos de integración existentes, situación que da lugar a la existencia de prácticas desleales de comercio internacional; los productos aunque puedan ser muy similares son diferenciados mediante marcas por lo que toma importancia la regulación sobre propiedad intelectual; y no existe información completa, por lo que los consumidores pueden ser objeto de engaños por productores y distribuidores de bienes y servicios.

El derecho de la competencia se inscribe en un Estado nacional redefinido cuyo papel ha cambiado cualitativamente, ya que los pilares que parecían inamovibles, se han destruido completamente porque:

a) Las empresas públicas ya no son la fuente del dinamismo de la economía;

b) El sector financiero ya no es un gran ente estatal central, sino un escenario privado y competido interdependiente;

c) El proteccionismo articulado por el Estado ha sido sustituido por una política de comercio internacional cada vez más abierta y desregulada; y

d) Los criterios de planificación indicativa han cedido paso al mercado como elemento central para la fijación de precios, la decisión de las inversiones y la remuneración de los factores productivos.

Es decir, como lo establece Massimo Motta la Política de competencia se le considera al conjunto de políticas y leyes que garantizan que la competencia en el mercado no se límite de manera tal que sea perjudicial para la sociedad

1.2 ANTECEDENTES

El antecedente directo del Derecho de la Competencia Económica en México y en el mundo es el Derecho Económico. Esta última rama ha sido poco explorada, lo cual dificulta delimitar su contenido y alcance, pues se trata de un derecho dinámico que ha atravesado al menos tres grandes transformaciones en los últimos cien años.

Sin embargo, todas las definiciones del Derecho Económico como antecedente del derecho a la libre competencia y concurrencia económica caen en la vinculación exclusiva con la intervención del Estado en cuestiones de mercado. Es así que Laubadere lo define como "el derecho que rige las intervenciones de la potestad pública en el campo de la economía".

Si bien es cierto que anteriormente el derecho económico estuvo vinculado con la intervención directa del Estado en la vida económica (concepción restringida), en la actualidad, la regulación de los agentes económicos privados es esencial para este derecho, lo que fortalece una concepción mucho más amplia.

De acuerdo a esto, tratar de ubicar esta rama dentro de la clasificación tradicional que divide al derecho en público y privado, trae consigo dos posturas:

1. Una que sostiene que se trata de una nueva rama del derecho, y

2. Otra que lo considera parte del derecho público.

Quienes apoyan al derecho económico conforme a la primera postura, suelen disentir en el criterio de diferenciación, el cual puede ser: el objeto regulado, el sujeto de imputación, el sentido de las normas como sistema o su marco institucional.

Su incorporación como rama del derecho público tiene como fundamento el origen y el objeto de sus normas. Algunos autores, al considerar las similitudes, tratan de ubicarlo dentro de las ramas ya existentes del derecho público, como podría ser el derecho administrativo o el constitucional, sin embargo es indiscutible que posee rasgos distintivos que permiten considerarlo autónomo dentro del derecho público.

Champaud considera que:

El derecho económico es un orden jurídico que responde a las normas y a las necesidades de una civilización en vías de formación... El derecho económico no es una nueva rama del derecho, sino un derecho nuevo que coexiste con el cuerpo de las reglas jurídicas tradicionales, de la misma manera que el orden social industrial que se elabora, cohabita con las instituciones del orden social precedente que no podría extinguirse bruscamente.

Para el derecho económico, los sujetos como centro de imputación de derechos y obligaciones son los agentes económicos en general, independientemente de su forma jurídica o naturaleza patrimonial, siempre y cuando participen en la producción, distribución y consumo de bienes y servicios.

Este concepto es tan amplio que incluso incluye al Estado y a diversos organismos estatales. Ahora bien, la función del Estado como sujeto de derecho económico es doble:

1. Por una parte, en su dimensión de autoridad al establecer los lineamientos de política económica, ejecutarlos y vigilar su cumplimiento;
2. Por otra, como un agente económico cuando actúa en la producción y distribución de bienes y servicios o como consumidor al realizar compras gubernamentales.

El escenario de actuación de dichos agentes es el mercado y se regulan todas las relaciones que se den en éste, entendidas como actividades económicas.

No obstante, es necesario precisar que el fin último de la intervención pública en la economía, desde esta óptica, debe de ir conforme a la necesidad de impulsar el crecimiento económico y propiciar el desarrollo.

En otras palabras, de acuerdo con los postulados del libre mercado, el Estado no debe intervenir de ninguna manera, pero lo hace ante la existencia de fallas del mercado. Por ende, existe un debate respecto de hasta qué punto debe intervenir el Estado en el plano de la regulación económica. Son los tribunales los encargados de delimitar esta discusión mediante precedentes.

La función del derecho económico durante gran parte del siglo XX se comprendía entre los extremos que presentaban los Estados de economía centralmente planificada (socialistas) y los capitalistas.

En los primeros, el derecho económico lo era todo: la regulación pública y social se imponía sobre la privada y el Estado encontraba en su orden jurídico los instrumentos regulatorios que normaban su actuar. En cambio, en los sistemas económicos liberales se generaba una fuerte contradicción de intereses haciendo evidente la necesidad de custodiar a los individuos que eran la base de la sociedad en lo económico y en lo político.

El Estado liberal desarrollaba funciones de mero, lo que produjo fuertes desigualdades sociales, sin embargo, la mayor preocupación era la desigualdad de oportunidad para competir. Las desigualdades sociales generaron la necesidad de intervención estatal a fin de corregir las fallas y desequilibrios de mercado, es decir, junto con la mano invisible del mercado se hizo necesaria la aparición de la mano visible del Estado, dando origen a los sistemas de economía mixta o Estados sociales de derecho que empleaban la planificación parcial y flexible, generando un aumento constante de un nuevo tipo de normas denominadas como derecho económico.

En la evolución del derecho económico se distinguen claramente tres momentos:

1. El derecho económico tradicional (intervención del Estado),
2. El derecho económico mixto (intervienen organismos públicos y se establecen estímulos a empresas privadas) y
3. El actual o derecho económico de la desregulación (el Estado sólo conserva facultades regulatorias).

El derecho económico tiene su origen en Europa, y nace vinculado a la intervención del Estado como agente de desarrollo. Todo esto como producto de la Segunda Guerra Mundial, cuando la planificación se convierte en la principal manifestación del derecho económico, y se basa en la premisa de que "el desarrollo es una cuestión de Estado, de gobierno y de administración pública".

Actualmente, los procesos de globalización económica (comercial, financiera, productiva y tecnológica) son presentados como paradigmas indiscutibles, en donde los países en desarrollo deben apegarse a la manera neoliberal, es decir, con apertura comercial, menos restricciones a la inversión extranjera y retiro del Estado de sus funciones económicas como orientador, regulador y promotor del crecimiento económico y el bienestar social.

En consecuencia, el consenso sobre el máximo objetivo de la competencia económica es la eficiencia como la antítesis del intervencionismo y viceversa.

1.2.1 Derecho de la competencia en estados unidos

Indiscutiblemente debe aludirse al derecho de la competencia en Estados Unidos como un antecedente, pues se considera que es en este país donde surgió formalmente. Después fue adoptado en Europa y en diversas partes del mundo.

El principal antecedente surge cuando los gremios y corporaciones perdieron su exclusividad en la realización del comercio y sus privilegios para la producción de determinados bienes. Sin embargo, el derecho antimonopolístico moderno surge a finales del siglo XIX en EE.UU., en el contexto de una sociedad con una economía proteccionista en la cual proliferaron los monopolios y los carteles.

El Derecho de la Competencia de EE.UU. se originó en 1890 cuando el Congreso aprobó el proyecto de ley contra los monopolios (en inglés, antitrust) presentado por el senador John Sherman del Estado de Ohio: la Ley Sherman, que según el encabezado de la misma, es "[una ley para la protección del comercio contra las restricciones ilegales y los monopolios]". A partir de este momento se dio inicio a más de un siglo de jurisprudencia sobre los monopolios, las concentraciones empresariales, las prácticas restrictivas, los carteles y en general todos los aspectos relacionados con el derecho antitrust.

La Ley Sherman continúa siendo, a la fecha, la norma principal del Derecho de la Competencia en los EE.UU. La mencionada ley contiene las siguientes prohibiciones de carácter general:

1. Prohíbe toda clase de acuerdos que tiendan a restringir la competencia entre los diversos Estados o con naciones extranjeras.
2. Prohíbe tanto la monopolización como el intento de monopolizar cualquier parte del comercio interestatal o internacional.

1.2.2 Derecho De La Competencia En La Unión Europea

Según el profesor Jorge Witker, los abusos de la monopolización generada por las normas que imperaban en la Edad Media generaron la expedición en el Reino Unido de la Ley de Monopolios, en inglés Statute of Monopolies, durante el gobierno de Jaime I en 1623.

A pesar del desarrollo previo en legislaciones nacionales, el Derecho de la Competencia en Europa empezó a desarrollarse de manera importante con la firma del Tratado de Roma el 25 de marzo de 1957 (Tratado Constitutivo de la Comunidad Económica Europea – CEE).

Debe tenerse en cuenta que el objetivo del Derecho de la Competencia de la Unión Europea, como el resto de la normativa, es el de profundizar la integración económica de Europa, lo cual puede diferenciarlo del "antitrust" norteamericano y del Derecho de la Competencia de otros países.

Según el profesor de la Universidad de Salamanca, Eduardo Galán Corona, la creación de un mercado común requería la aplicación de unas políticas de competencia, especialmente porque la caída de las fronteras económicas podría facilitar y agudizar el abuso de la posición dominante y el fraccionamiento de los mercados por medio de acuerdos anticompetitivos.

La normativa de la UE es explícita al señalar su objetivo final, como se puede apreciar en el artículo segundo del Tratado que establece los fines de la Comunidad Económica:

Artículo 2.- La Comunidad tendrá por misión promover, mediante el establecimiento de un mercado común y de una unión económica y monetaria y mediante la realización de las políticas o acciones comunes contempladas en los artículos 3 y 4, un desarrollo armonioso, equilibrado y sostenible de las actividades económicas en el conjunto de la Comunidad, un alto nivel de empleo y de protección social, la igualdad entre el hombre y la mujer, un crecimiento sostenible y no inflacionista, un alto grado de competitividad y de convergencia de los resultados económicos, un alto nivel de protección y de mejora de la calidad del medio ambiente, la elevación del nivel y de la calidad de vida, la cohesión económica y social y la solidaridad entre los Estados miembros.

1.3 POLÍTICA DE COMPETENCIA EN MÉXICO

La política de competencia es el conjunto de políticas y leyes que garantizan que la competencia en el mercado no se limite de manera tal que resulte perjudicial para la sociedad.

1.3.1 Fundamentos jurídicos de la política de competencia en México

1.3.1.1 Bases constitucionales de la política de competencia económica

En México, el fundamento jurídico de la política de competencia se encuentra en el artículo 28 de la Constitución Política de los Estados Unidos Mexicanos (CPEUM), donde se establece la autonomía de la Comisión Federal de Competencia Económica y del Instituto Federal de Telecomunicaciones (IFT) como las instituciones encargadas de garantizar la libre competencia y concurrencia, así como prevenir y combatir los monopolios, las prácticas monopólicas, las concentraciones y demás restricciones al funcionamiento eficiente de los mercados.

De la CPEUM se desprende la Ley Federal de Competencia Económica y a partir de ésta (y con base en su autonomía) la COFECE ha generado regulación secundaria para regir sus actuaciones. Por ejemplo: las disposiciones regulatorias, su estatuto orgánico y las guías y criterios que ha ido publicando en los últimos años.

1.3.2 Antecedentes legislativos, políticos, económicos y sociales de la ley federal de competencia económica de 1992

La política de competencia en México se inscribe dentro de los cambios estructurales y legales que se desarrollaron en el país a finales de la década de los ochenta y principio de los noventa del siglo XX, en el marco del ingreso de México al GATT en 1986 y de las negociaciones del Tratado de Libre Comercio de América del Norte (TLCAN) que entró en vigor en 1994.

La primera Ley Federal de Competencia Económica (LFCE) surge en 1992, y entró en vigor en 1993. Con esta se creó la primera Comisión Federal de Competencia (CFC), como un órgano desconcentrado de la Secretaría de Economía.

En 2006 la LFCE tiene una primera reforma, mediante la cual se incluyen nuevas conductas como Prácticas Monopólicas relacionadas con el abuso de poder de mercado; se aumentan las sanciones que puede imponer la CFC y se incrementa su capacidad de investigación para realizar visitas de verificación. También en esta reforma se incluye el programa de inmunidad por colusión, una especie de programa de testigo protegido que facilita la detección, investigación y sanción de los cárteles económicos.

En 2011 se realiza una nueva reforma a la LFCE, con la que se incrementó el poder sancionatorio de la Comisión al permitirle imponer multas como porcentaje de los ingresos de los agentes económicos, y ya no con base en el salario mínimo. Además, se reformó el Código Penal Federal para tipificar como un delito penal la comisión de acuerdos colusorios. Así, ante casos de colusión la Comisión tiene la facultad para interponer una querella penal ante la antes llamada Procuraduría General de la República (PGR) -ahora FGR-, a fin de que los involucrados sean investigados. Esta sanción demuestra la relevancia que tiene para el Estado Mexicano la regulación de la materia.

A finales de 2012, en el contexto del Pacto por México y las llamadas Reformas Estructurales, el Presidente de la República presentó, ante el Congreso de la Unión, la iniciativa de reforma constitucional en materia de competencia económica y telecomunicaciones.

1.3.3 Reforma constitucional de 2013

Derivado de las reformas estructurales durante el 2013 nuestra Carta Magna sufre un reordenamiento sustancial, con la pretensión de crear un corpus más amplio, creado, reconocido y configurado a rango constitucional, con lo cual se construye un dique frente a los agentes económicos para dotar de legitimidad, competencia y autoridad a diversos entes, para así concretizar el Estado Regulador.

En 2013 se promulgó la reforma creando la Comisión Federal de Competencia Económica (COFECE) como un órgano constitucional autónomo (como el Banco de México o el Instituto Nacional de Acceso a la Información). Con dicha reforma surge una nueva Ley Federal de Competencia Económica.

La promulgación de una nueva LFCE en 2014 fortalece el trabajo institucional de la autoridad de competencia. Ésta tomó en cuenta las directrices establecidas por la reforma constitucional, las mejores prácticas internacionales y la experiencia ganada en nuestro país a lo largo de 20 años de la implementación de una política de competencia.

Retoma gran parte de la anterior ley, incluye nuevas facultades de investigación para la COFECE como los procedimientos por barreras a la competencia o para determinar insumos esenciales, fortalece sus facultades de investigación y sanción, impone nuevos procesos de transparencia como contrapeso a la autonomía, entre otros.

Es importante decir que, a partir de la Reforma de 2013, el Instituto Federal de Telecomunicaciones (IFT) es el encargado de aplicar la política de competencia en los sectores de telecomunicaciones y radiodifusión, mientras que la COFECE en los demás sectores. A lo largo de la historia de la política de competencia en México, no solo se ha fortalecido el marco legal, sino también institucionalmente a la Comisión. El 29 de abril de 2014 se aprobó el decreto de la nueva Ley Federal de Competencia Económica, asegurando que brinda mayor certeza, justicia, predictibilidad y transparencia a todos los agentes económicos que operan en México.

Tomando en cuenta todo lo anterior, es prudente señalar que el marco legal en materia de competencia económica ha evolucionado a lo largo de los años gracias a la experiencia y a la aportación de soluciones innovadoras con el objetivo de que nuestro país sea siempre un México competitivo que ofrezca igualdad de oportunidades a sus ciudadanos, siempre en constante transformación y reforzando sus bases para regular de la mejor manera una materia tan importante como lo es la competencia económica.

Dentro de la reforma del 2013, se considera que la COFECE derivado de su labor sustantiva sumará esfuerzos para la promoción de la cultura de la competencia económica en México, haciendo del conocimiento de la población los derechos y obligaciones que tienen los agentes regulados.

Otro de los aspectos de este corpus estará en dos vías, la primera que dentro de las leyes regulatorias los conceptos de agente económico y grupo de interés, como participantes del mercado, tendrán una centralidad sustancial para que así la autoridad regulatoria pueda revisar las estructuras de los mercados y su la forma en que se distribuyen estos mismos. En segundo término, se puede observar que dicha interacción en el mercado los agentes económicos actúen y participen del mismo, distorsionando la libre competencia, al observar dicho fenómeno se podrá iniciar una investigación por la probable existencia de responsabilidad por una práctica monopólica y determinar así que convierte dicho mercado en un mercado relevante.

Siguiendo la argumentación, la explicación regulatoria de los agentes y los mercados, como afirma Roldán Xopa, se transforma en una esfera de tutela de libertades económicas, de derechos prestacionales y bienes públicos o comunes. En consecuencia, la competencia económica en nuestro país pretende ampliar o generar efectos de mejora progresiva en la vida nacional, que tiene como horizonte la igualdad y la libertad.

La libertad para así garantizar que los agentes pueden competir entre sí, pero considerando a la igualdad de los agentes, los mercados y los consumidores armonizando y modernizando a la economía. Promover bienestar social, requiere de instituciones garantes y reguladores de la economía, haciendo y cumpliendo el principio constitucional de la Rectoría económica de México.

El desarrollo y crecimiento de un país depende en gran medida de los agentes económicos ofreciendo a sus clientes mejores condiciones, lo que deriva de manera directa en el consumo.

Bibliografía

Boeninger, Edgardo, El papel del Estado en América Latina, Estado y economía en América Latina, México, Porrúa, 1994

Cabanellas De Las Cuevas, Guillermo, Derecho antimonopólico y de defensa de la competencia, Buenos Aires, Editorial Heliastra, 1983

CALABRESI, Guido, "Some Thoughts on Risk Distribution and the Law of Torts", Yale Law Journal, vol. 70, 1967

Castañeda Gallardo, Gabriel, Objetivos rectores de la política de competencia económica, en Tovar Landa, Ramiro (comp.), Lecturas en regulación económica y política de competencia, México, Miguel Ángel Porrúa, ITAM, 2000

CHAMPAUD, Claude, Contribución a la definición del derecho económico, nota 33, 1967

COFECE, Herramientas de competencia económica, agosto 2015, p. 9. (Versión electrónica [en línea] https://www.cofece.mx/cofece/images/documentos_micrositios/herramientascompetenciaeconomica_250815_vf1.pdf)

FARJAT, Gérard, Las enseñanzas de medio siglo de derecho económico, trad. de Héctor Cuadra, Estudios de derecho económico II, México, UNAM, 1977

GALÁN CORONA, Eduardo, La Aplicación del Derecho de la Competencia en la Comunidad Europea a partir del Reglamento No. 1 de 2003, conferencia realizada el 12 de septiembre de 2003, Centro de Estudios de Derecho de la Competencia –CEDEC, Bogotá. Memorias consultadas en: http://www.centrocedec.org/contenido/articulo.asp?chapter=157&article=159

GINEBRA SERRAU, Xavier, Derecho de la competencia, México, Cárdenas Editor Distribuidor, 2001

IBARRA PARDO, Gabriel, Regímenes de competencia y políticas de competencia en América Latina, Colección Seminarios 5. Javegraf, Segunda Edición, Bogotá: 1997

KAPLAN, Marcos, "Planificación y cambio social", Estudios de derecho económico V, 1986, p. 13.

KOVACIC, William y SHAPIRO, Carl. "Antitrust Policy: A Century of Economic and Legal Thinking". Competition Policy Center. University of California, Berkeley. 1999. Pág. 2. Documento consultado el 16 de enero de 2023 en: http://www.haas.berkeley.edu/groups/cpc/pubs/Publications.htmal

LAUBADERE, A., Droit Public Économique, Paris, 1970, trad. de Héctor Cuadra, UNAM

LOWE, Philip. Discurso "How Different is EU anti-trust? An overview of EU Competition Law and policy on commercial practices" pronunciado ante la "American Bar Association", llevada a cabo en Bruselas el 16 de Octubre de 2003 [en línea] http: //europa.eu.int/com/competition/speeches/index_2003.html

MANZANERO, J.A. et. al., Curso de derecho administrativo económico (ensayo de una sistematización), Madrid, Instituto de Estudios de Administración Local, 1970

MOTTA, Massimo, Política de competencia: teoría y práctica, México, FCE, 2018

OEA, Unidad de Comercio, Inventario de leyes y normas nacionales referidas a las políticas sobre competencia en el hemisferio occidental (versión final), 30 de agosto de 1997

OLIVERA, Julio H. G., Derecho económico, conceptos y problemas fundamentales, Buenos Aires, Ediciones Arayú, 1954

OMC, "Preparativos para la Conferencia Ministerial de 1999", Comunicación de Noruega, 7 de septiembre de 1999, WT/GC/W/310.

RAMIREZ HERNÁNDEZ, Ricardo, Manual de derecho económico, México, FCE, 2018

ROLDÁN XOPA, José, la ordenación constitucional de la economía: del Estado regulador al Estado garante, México, FCE, 2018

WITKER VELÁSQUEZ, Jorge Alberto y VARELA, Angélica, Derecho de la competencia económica en México, UNAM, Instituto de Investigaciones Jurídicas, 2016, tomado de: https://biblio.juridicas.unam.mx/bjv/detalle-libro/1151-derecho-de-la-competencia-economica-en-mexico

WITKER, Jorge. "Derecho de la Competencia en América. Canadá, Chile, Estados Unidos y México." Fondo de Cultura Económica, Chile: 2000

UNIDAD 2
Conceptos elementales de competencia económica

RAFAEL MUÑOZ FRAGA

La Ciencia se construye de conceptos y cada disciplina en lo particular tiene su propio lenguaje; es la forma de describir los distintos elementos, objetos y fenómenos que pretende, analizar, describir y estudiar[1].

Al igual que otras disciplinas, la Ciencia Económica posee su propio metalenguaje, es el conjunto de aquellos conceptos que se constituyen en sus herramientas para comprender y explicar los fenómenos económicos individuales y colectivos. A partir de ellos y con ellos, se formulan los principios y teorías.

En esta Unidad se explican los conceptos económicos básicos, para que, a partir de ellos, como herramientas e instrumentos fundamentales, se aborden, de forma metodológica, los fenómenos económicos relacionados y generados por la competencia económica.

A continuación, se presentan los conceptos y principios económicos básicos, que los estudiosos y analistas de la economía desean comprender y aplicar en su profesión.

---

1 Sobre el tema de la construcción de la Ciencia, se recomienda consultar la obra del Dr. Rolando Tamayo y Salmorán, "Razonamiento y Argumentación Jurídica" publicado por el Instituto de Investigaciones Jurídicas de la UNAM. ¿Qué es y cómo se construye la Ciencia?

2.1 PRINCIPIOS ECONÓMICOS BÁSICOS.

Como se ha señalado, los principios económicos básicos, son diversos conceptos que constituyen las herramientas fundamentales para el trabajo teórico y práctico dentro del estudio de la ciencia económica.

Las aportaciones de pensadores, que ahora se consideran clásicos, son indispensables para entender el comportamiento de los diversos agentes económicos que actúan en una sociedad.

Autores clásicos como Adam Smith, David Ricardo, Thomas Hume, Thomas Malthus, dentro del pensamiento clásico de la economía y, los marginalistas: William Stanley Jevons, Carl Menger y León Walras, entre otros, han realizado importantes aportaciones al estudio de la ciencia económica. Particularmente han incorporado diversos conceptos que son la base para el estudio y comprensión de los fenómenos económicos y, en particular, a la competencia económica.[2]

Conceptos como: agente económico, oferta, demanda, precio, elasticidad, mercado, monopolio, oligopolio, eficiencia económica, poder sustancial del mercado, mercado relevante, insumo esencial, entre otros, son fundamentales en el estudio de la ciencia económica.

A continuación, se presentan dichos conceptos; así como, su concepción y su alcance teórico.

Antes de iniciar el análisis correspondiente a las diversas categorías que señala nuestro índice, es relevante destacar que estos principios teóricos funcionan, como lo plantearon los autores en sus propuestas originales, bajo términos y condiciones que se consideran ideales; esto quiere decir, que no siempre los mercados, las conductas de los oferentes, demandantes y

---

2 Se sugiera consultar la obra "Historia de las doctrinas económicas" de Eric Roll, publicado por el Fondo de Cultura Económica.

competidores funcionan como está previsto desde la teoría económica; ya que en la realidad, variables y comportamientos de los diversos agentes económicos es, por lo general, mucho más compleja que la más sofisticada de las teorías.

2.1.1 Oferta

Las operaciones económicas denominadas oferta y demanda se encuentran estrechamente relacionadas con el concepto "precio"; éste es la suma de dinero que se paga a cambio de una cosa. (Por "cosa" debemos entender bienes y servicios, incluyendo el trabajo, cuyo precio se denomina salario).

En consecuencia, podemos definir a la oferta como: *la cantidad que se pone en venta por los productores o comerciantes, a un precio determinado en unidad de tiempo determinado.*

Respecto a la oferta, la lógica económica nos dice que los productores o vendedores tendrán un comportamiento racional, es decir: a mayor precio el productor o vendedor estará dispuesto a poner en el mercado mayor cantidad del bien o servicio de que se trate; por el contrario, cuando el precio disminuye éste reducirá la cantidad que se ofrezca en el mercado correspondiente, toda vez que el incentivo de lucro será menor.

Lo anterior, explica la conducta del oferente, toda vez que, cada vez que el precio se incremente, el productor o vendedor tendrá un incentivo económico, ya que espera obtener un ingreso mayor como consecuencia del aumento de precio.

A continuación, se presenta un ejemplo: Pensemos en un producto llamado X, que se venda por kilogramo.

Al precio de $20.00 pesos el kg de X, el productor, distribuidor o vendedor del producto estará dispuesto a vender 100 kg de este.

En la medida que el precio aumente, el incentivo para el productor (beneficio o utilidad) será más atractivo; en consecuencia, la cantidad que el oferente estará dispuesto a colocar en el mercado se incrementará en proporción al aumento del precio.

Precio por kg	Cantidad	Oferta
$20.00	100 kg	1
$25.00	125 kg	1.25
$30.00	130 kg	1.30
$40.00	140 kg	1.40
$50.00	150 kg	1.50
$60.00	160 kg	1.60
$70.00	170 kg	1.70
$80.00	180 kg	1.80
$90.00	190 kg	1.90
$100.00	200 kg	2

Esta conducta del oferente también se puede mostrar mediante una gráfica, en la cual que se observará que su comportamiento siempre tendrá una tendencia positiva, es decir, al alza.

La fórmula es: a mayor precio, aumentará la oferta.

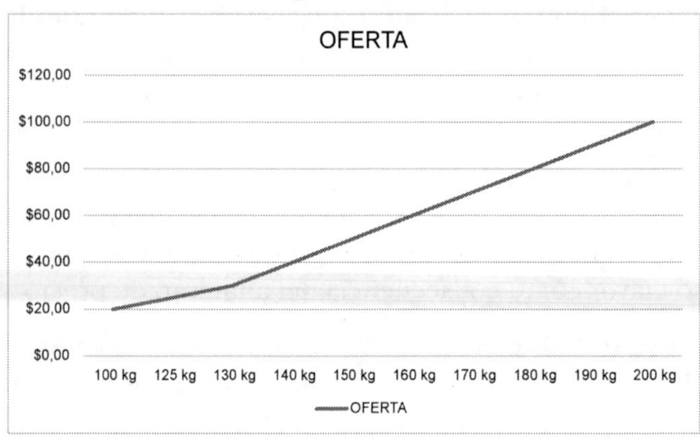

2.1.2 Demanda

La demanda es la cantidad de un bien que está dispuestos a adquirir los consumidores a un precio determinado, en una unidad de tiempo

Esto significa que a diferentes precios los consumidores estarán dispuestos a comprar una cantidad diferente del bien; es decir, a mayor precio los consumidores comprarán menos del bien en cuestión; por el contrario, a menor precio los consumidores estarán dispuestos a adquirir mayor cantidad de dicho bien.

Ejemplos:

Considerando el mismo ejemplo que mencionamos en la oferta del producto X, ahora desde la perspectiva de un comerciante (comprador); al precio de $20.00 pesos el kg de X, el comprador (mayoritario) estará dispuesto a comprar 100 kg de X; sin embargo, si el kg de X aumenta de precio a $25.00 pesos el kg, el comprador solo va a adquirir 80 kg.

En la medida que el precio disminuya, el comprador estará dispuesto a adquirir mayor cantidad de producto, y, por el contrario, si el precio del producto aumenta, el consumidor adquirirá menor cantidad de producto.

Precio por kg	Cantidad	Demanda
$35.00	40 kg	.40
$30.00	60 kg	.60
$25.00	80 kg	.80
$20.00	100 kg	1
$15.00	120 kg	1.20
$10.00	140kg	1.40

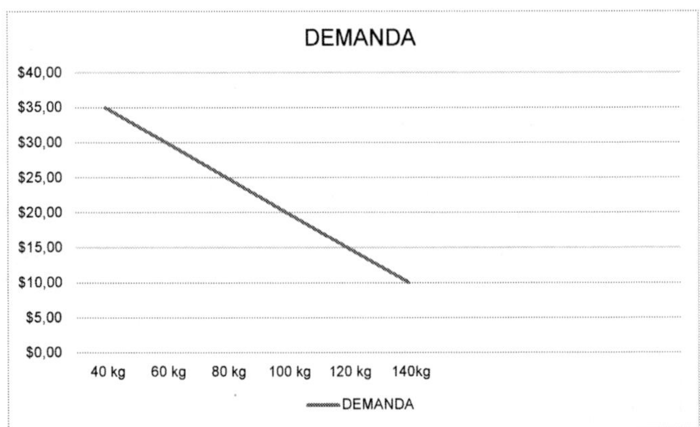

Como se observa, el precio con la cantidad demandada tiene pendiente negativa lo que nos indica una relación inversa, respecto a la oferta.

Como se puede observar de la descripción arriba señalada, se concluye que la interacción de la oferta y demanda determinan la formación del precio de un determinado bien o servicio.

Con ello, la interacción de los tres elementos constituye la "ley de oferta y demanda", principio teórico en la que se sustentan gran parte del estudio y explicación de fenómenos micro y macroeconómicos.[3]

Es importante destacar que esta propuesta teórica de la Ley de Oferta y Demanda funcionará solo si existe una competencia prefecta, lo cual significa que existen tantos oferentes y tantos demandantes que ninguno de ellos tiene la capacidad de

---

3 El concepto de oferta y demanda se utilizó por primera ocasión por James Steuart Denham, (1767) en su obra "Estudio de los principios de la economía política"; posteriormente el concepto fue utilizado en sus respectivas obras por Adam Smith (1776) y David Ricardo (1817), la "Riqueza de las Naciones" y "Principio de política económica e impositiva."

influir o determinar artificialmente el precio. También se debe señalar que este modelo teórico opera sólo en un mercado perfectamente competitivo y con un solo producto.[4]

En las economías modernas, más desarrolladas o sofisticadas, en un mercado real participan varios productos de forma simultánea, los cuales pueden ser considerados como sustitutos o complementarios entre sí. Además, para su estudio y análisis resulta indispensable incorporar la variable del ingreso (renta) de los consumidores.

2.1.3 Elasticidad de la oferta y demanda.

El concepto de "elasticidad", es ampliamente utilizado en el análisis económico, no sólo en el estudio de la oferta y la demanda, sino en otros temas de esta disciplina.

La "elasticidad" responde a una pregunta: ¿qué sucede con un factor, si se presenta una variación -positiva o negativa- de otro que influye directamente en él? Con esta explicación, podemos plantear un caso concreto: ¿Qué sucederá con la oferta y la demanda de un producto frente a la variación del precio?

Por lo tanto, podemos plantear las siguientes preguntas: ¿qué tan elástica la demanda frente un aumento de precio? ¿Qué tan elástica es la demanda ante una disminución del precio? Lo mismo sucede con la oferta.

Se afirmará que la demanda es más elástica cuando el cambio del precio impacte en mayor medida la cantidad requerida por los compradores y se dirá que la demanda es "inelástica"

---

4 Mercado perfecto: Es aquel al que concurren tantos vendedores y compradores que ninguno de ellos puede determinar el precio. Pocos mercados existen con estas características.

cuando el cambio de precio no modifique la cantidad requerida por los consumidores.

Es importante destacar que la elasticidad de la oferta y la demanda no sólo se analiza respecto a los cambios de precio, ya que estas dos variables son muy sensibles a los cambios de los ingresos (renta) de los consumidores.

Esos cambios, aumentos o disminuciones, los llamaremos "elasticidad". De igual forma, puede suceder que la oferta y demanda de un producto sean "inelásticas"; es decir, que no le impactan, influyen o afectan, los cambios de precios o de ingresos de los consumidores.

2.1.4 Punto de equilibrio de las curvas de oferta y demanda

Para concluir, la elasticidad es una metodología económica que mide las variaciones de un elemento frente a las variaciones o cambios de algún factor relacionado con él.

Como se observa en el gráfico, desde el punto de vista teórico, el punto donde cruzan las curvas de oferta y demanda, determinan el precio de equilibrio; es decir, la situación ideal entre compradores y vendedores. Es el punto donde los consumidores obtienen la mayor satisfacción posible y los vendedores alcanzan el punto óptimo de sus ingresos.

Cuando la cantidad ofrecida y demandada del bien coinciden en un punto, es ahí donde se determina el precio. A este cruce de curvas se le llama "punto de equilibrio de mercado"[5]

2.2 ESTRUCTURAS DE MERCADO.[6]

Tradicionalmente el mercado se ha definido como: "el lugar donde coinciden oferentes y demandantes (vendedores y compradores) a realizar sus intercambios". Originalmente, el mercado sólo se consideraba como un espacio, un lugar físico. El desarrollo y evolución de la economía ha transformado el concepto de mercado; ahora, el mercado no es, necesariamente, un espacio físico, es un espacio que puede ser "virtual" en donde concurren vendedores y compradores.

---

5 Es importante señalar que el concepto "punto de equilibrio" también es utilizado el análisis de costos que realizan las empresas en sus análisis financieros; le llaman así, al punto o nivel donde la empresa iguala sus ingresos con sus gastos y costos de operación y es, a partir de este punto, donde la unidad productiva empieza a tener utilidades.

6 Para la formulación de este apartado se tomó como base la obra de: "El marco normativo de la competencia económica en el derecho económico mexicano" de Rafael Muñoz Fraga, publicado por la UNAM

2.2.1 Competencia perfecta.

Competencia perfecta, concepto económico que describe la condición de que en un determinado mercado existen tantos oferentes y demandantes que ninguno de ellos está en condiciones de fijar condiciones

Para que suceda una competencia perfecta, es necesario tener un mercado perfecto. Como ya se señaló, es aquel al que concurren tantos vendedores y compradores que ninguno de ellos puede determinar el precio. En la práctica económica, existen muy pocos casos con estas características. A esta circunstancia se le conoce como: mercado imperfecto y se define de la siguiente forma: es aquel en el que, por alguna fuerza económica política o jurídica, algún productor o varios, o algún consumidor, influyen o determinan el precio.

2.2.2 Monopolio

La primera y la conducta más perniciosa para una economía de mercado, es el monopolio, el cual debemos entender como una situación de un mercado, en el cual la competencia no existe del lado de la oferta, toda vez que una empresa o individuo produce y/o vende la totalidad de un determinado bien o servicio, controla su venta, tras eliminar a todos los competidores reales o potenciales; o, tiene acceso exclusivo a una patente de la que otros productores no disponen.

La eliminación de la competencia y el control exclusivo de la oferta permite el ejercicio de un manejo total sobre los precios, y el logro de beneficios excesivos o monopolistas.

La legislación de los principales países de economía de mercado ha establecido mecanismos de control, vigilancia y represión de entidades y prácticas monopolistas.

En el caso de México, de acuerdo con al artículo 28 de la Constitución,

"...quedan prohibidos los monopolios, las prácticas monopólicas, los estancos y las exenciones de impuestos en los términos y condiciones que fijan las leyes. El mismo tratamiento se dará a las prohibiciones a título de protección a la industria".[7]

"En consecuencia, la ley castigará severamente, y las autoridades perseguirán con eficiencia, toda concentración o acaparamiento en una o pocas manos de artículos de consumo necesario y que tengan por objeto obtener el alza de los precios; todo acuerdo, procedimiento o combinación de los productores, industriales, comerciantes o empresarios de servicios, que de cualquier manera hagan, para evitar la libre concurrencia o la competencia entre sí y obligar a los consumidores a pagar precios exagerados, y, en general, todo lo que constituya una ventaja exclusiva indebida a favor de una o varias personas determinadas y con perjuicio del público en general o de alguna clase social".[8]

El mismo artículo establece que:

"No constituirán monopolios las funciones que el Estado ejerza de manera exclusiva en las áreas estratégicas a las que se refiere este precepto...; y las actividades que expresamente señalen las leyes que expida el Congreso de la Unión [...] '[9]

En el caso de México, la ley reglamentaria del artículo 28 constitucional -Ley Federal de Competencia Económica- distingue dos tipos de prácticas monopólicas: absolutas y relativas.

La primera de ellas, -prácticas monopólicas absolutas- consisten en la práctica en: en los contratos, convenios, arreglos o combinaciones entre Agentes Económicos competidores entre sí, cuyo objeto o efecto sea cualquiera de las siguientes:

---

7 Artículo 28 Constitucional 1° párrafo.

8 *Ibidem,* 2° párrafo.

9 *Ibidem,* 4° párrafo.

- Fijar, elevar, concertar o manipular el precio de venta o compra de bienes o servicios al que son ofrecidos o demandados en los mercados;
- Establecer la obligación de no producir, procesar, distribuir, comercializar o adquirir sino solamente una cantidad restringida o limitada de bienes o la prestación o transacción de un número, volumen o frecuencia restringidos o limitados de servicios;
- Dividir, distribuir, asignar o imponer porciones o segmentos de un mercado actual o potencial de bienes y servicios, mediante clientela, proveedores, tiempos o espacios determinados o determinables;
- Establecer, concertar o coordinar posturas o la abstención en las licitaciones, concursos, subastas o almonedas, y
- Intercambiar información con alguno de los objetos o efectos a que se refieren las anteriores fracciones.

Respecto a las prácticas monopólicas relativas, son las consistentes en cualquier acto, contrato, convenio, procedimiento o combinación que lleve a cabo uno o más agentes económicos que, individual o conjuntamente, tengan poder sustancial en el mismo mercado relevante en que se realiza la práctica, y tenga o, tengan como objeto o efecto, desplazar indebidamente a otros Agentes Económicos e impedirles su acceso o establecer ventajas exclusivas en favor de uno o varios participantes del mercado.

2.2.3 Monopsonio.

El monopsonio es un fenómeno económico, en el cual, en un mercado específico, sólo existe o participa un comprador o demandante. Esta situación también se conoce como monopolio del comprador.

Ese comprador tiene la capacidad de determinar el precio del producto o servicio de que se trate; por lo tanto, estamos frente a mercado de competencia imperfecta.

Es sencillo comprenderlo lo que sucede en una pequeña comunidad rural cuando existen varias personas en busca de trabajo y sólo existe un empleador. Por supuesto, el empresario tendrá la capacidad de fijar el precio de la mano de obra.

Las consecuencias de este mercado imperfecto son respecto a la oferta, ya que, al pagar precios por debajo de lo establecido, los oferentes no estarán dispuestos a aceptar esos niveles y, por lo tanto, buscarán participar en otro mercado y con productos diversos.

Lo mismo sucede con bienes o productos; el hecho de que solo exista un comprador causa graves perjuicios a los participantes en el mercado, esta situación se agrava cuando no existen bienes o productos sustitutos.

2.2.4 Oligopolio

El oligopolio es otro fenómeno económico, en el cual un limitado grupo de oferentes, productores o vendedores, logran acuerdos para manipular la oferta de determinado producto, con el fin de controlar o determinar el precio.

En la realidad este es el fenómeno económico más frecuente; como ya se ha comentado, es poco probable que existan mercados perfectos, donde el precio se determine por la interacción de la oferta y demanda.

Por lo general, todos los mercados son imperfectos y en ellos, es altamente probable que un grupo de oferentes, productores o vendedores, logren un acuerdo para manipular el mercado en su beneficio. También imponen berreras para la entrada de nuevos oferentes.

Estas conductas, por lo general, están prohibidas y son castigadas por la ley; jurídicamente se conoce como colusión y tiene como fin manipular el precio. Estas prácticas económicas reducen la competencia y, necesariamente, generan precios más altos para los consumidores.

El mercado oligopólico presenta diversas formas o variables, como son el duopolio (solo dos jugadores) y los oligopolios bilaterales, mercado donde coexisten un número limitados de compradores, pero también pocos vendedores.

También existen oligopolios diferenciados; es decir que el producto que vende el grupo de empresas tiene diferencias, pero no esencialmente; oligopolios concentrados, es decir, pocos productores de una materia prima o un producto que no tiene diferencias.

2.2.5 Competencia monopolística.

Es un fenómeno de mercado y competencia imperfecta donde participan diversos oferentes de productos similares, pero no iguales u homogéneos. Estos oferentes o vendedores, tiene cierta capacidad para influir en el precio de su producto, pero no en el mercado en lo general.

Lo que se puede destacar en este modelo, es la participación de diversos oferentes, con la posibilidad de ingresar o salir del mercado; toda vez que los productos se pueden diferenciar entre ellos, lo que les permite fijar los precios de sus propios productos a partir de las características de cada producto en particular.

Por lo tanto, en la competencia monopolística distinguimos la participación de varias empresas (oferentes); que definen su presencia en el mercado, tomando como base su propio producto y su estructura de costos.

Otra característica de la competencia monopolística es que los productos son similares, pero no iguales u homogéneo; con ello, cada empresa establece su precio de mercado y, dependiendo ello, deciden su permanencia en el mercado.

Cabe destacar que, en este tipo de competencia, la publicidad o *marketing* juega un papel decisivo para fijar la participación en el mercado de cada de las empresas.

No obstante que la competencia monopolística no es la situación ideal de mercado, la diferencia entre productos similares ofrece ciertas ventajas a los consumidores, ya que éstos pueden elegir en función de sus necesidades y gustos. De igual manera, incentiva la innovación y eficiencia, que se producen en la búsqueda por diferenciar sus productos respecto a los otros; sin embargo, no se debe omitir que no es la situación ideal para los consumidores, ya que este tipo de mercados y competencia limita la participación de otros productores u oferentes,

2.3 PRINCIPALES CONCEPTOS DE LA LEY FEDERAL DE COMPETENCIA ECONÓMICA

La Ley Federal de Competencia Económica, es la ley reglamentaria del Artículo 28 Constitucional, por lo que se refiere a la libre competencia. Principio y valor fundamental del modelo económico capitalista.

En México, la primera Ley Federal de Competencia Económica (LFCE) entró en vigor en 1993, como un compromiso institucional derivado de la suscripción del Tratado de Libre Comercio de América del Norte (TLCAN); así mismo, con la promulgación de la LFCE, se crea la Comisión Federal de Competencia Económica (Órgano Constitucional Autónomo) encargado de vigilar el cumplimiento de estas disposiciones jurídicas.

Posteriormente, en el año de 2014, se promulga una nueva Ley Federal de Competencia Económica, que recoge la experiencia de los primeros 20 del tratado comercial entre México, Estados Unidos y Canadá.

A continuación, se presentan los principales conceptos jurídico – económicos que contiene la legislación mexicana en esta materia.

2.3.1 Agente Económico

Entenderemos al Agente Económico como la persona jurídica que tiene la capacidad para llevar a cabo hechos o actos económicos. Adicionalmente, nos vemos ligados a realizar otra puntualización: cuando el Estado participa en hechos o actos económicos en su carácter de igual a igual frente a otro agente económico, también cumple la función de Agente Económico.

Particularmente la Ley Federal de Competencia Económica define en su Artículo 3° el concepto de Agente Económico: "*Toda persona física o moral, con o sin fines de lucro, dependencias y entidades de la administración pública federal, estatal o municipal, asociaciones, cámaras empresariales, agrupaciones de profesionistas, fideicomisos, o cualquier otra forma de participación en la actividad económica;*"[10]

2.3.2 Eficiencia económica

La LFCE, tiene diversas referencias al concepto de *Eficiencia,* de las cuales se puede destacar que el sentido que la legislación le otorga a este concepto se refiere en especial a ese elemento que puede y debe hacer que las unidades productivas, en especial las empresas, alcancen mejores condiciones a partir del mejor uso y aprovechamiento de los niveles de los recursos que participan en la producción, comercialización y venta de bienes y servicios[11].

---

10 Ley Federal de Competencia Económica (LFCE) Art. 3, fracc. I

11 LFCE. Art. 55, 56 fracc. V, 94 fracc VII, inciso d)

2.3.3 Poder sustancial del mercado.

La LFCE, se refiere al Poder Sustancial de Mercado como la condición o ventaja que tiene un agente económico para influir de manera determinante en un mercado, ya se apara fijar precios o establecer límites a la oferta o demanda de determinado producto o servicio.

Este concepto, Poder sustancial de mercado, es un elemento esencial que la autoridad (CFCE) valora para determinar las prácticas monopólicas, absolutas o relativas.

Particularmente el Art. 59 de la LFCE establece lo siguiente:

> Para determinar si uno o varios Agentes Económicos tienen poder sustancial en el
>
> mercado relevante, o bien, para resolver sobre condiciones de competencia, competencia efectiva, existencia de poder sustancial en el mercado relevante u otras cuestiones relativas al proceso de competencia o libre concurrencia a que hacen referencia ésta u otras Leyes, reglamentos o disposiciones administrativas, deberán considerarse los siguientes elementos:
>
> I. Su participación en dicho mercado y si pueden fijar precios o restringir el abasto en el mercado relevante por sí mismos, sin que los agentes competidores puedan, actual o potencialmente, contrarrestar dicho poder. Para determinar la participación de mercado, la Comisión podrá tener en cuenta indicadores de ventas, número de clientes, capacidad productiva, así como cualquier otro factor que considere pertinente;
>
> II. La existencia de barreras a la entrada y los elementos que previsiblemente puedan alterar tanto dichas barreras como la oferta de otros competidores;
>
> III. La existencia y poder de sus competidores;
>
> IV. Las posibilidades de acceso del o de los Agentes Económicos y sus competidores a fuentes de insumos;

V. El comportamiento reciente del o los Agentes Económicos que participan en dicho mercado, y

VI. Los demás que se establezcan en las Disposiciones Regulatorias, así como los criterios técnicos que para tal efecto emita la Comisión.[12]

Como se observa de la transcripción anterior, el poder sustancial de mercado es una ventaja indebida que tiene un agente económico, que opera a su favor para distorsionar el mercado en que participa.

2.3.4 Mercado relevante

Mercado relevante, este es otro concepto esencial para comprender la competencia económica. Se trata de una "condición" que puede existir en un mercado en particular

Las prácticas monopólicas – absolutas y relativas- la autoridad deberá calificarlas y sancionarlas, en su caso. Para que la autoridad en la materia esté en condiciones de determinar si un agente está realizando una práctica monopólica, es condición previa que determine si dicha práctica se realiza en un "mercado relevante"

La LFCE estable para la Comisión Federal de Competencia Económica diversas obligaciones para determinar prácticas monopólicas a partir de determinar si las acciones del agente económico se llevan a cabo en el mercado relevante o en algún mercado relacionado.

A continuación, se transcribe lo previsto en el Art. 58 de la LFCE.

Artículo 58. Para la determinación del mercado relevante, deberán considerarse los siguientes criterios:

---

12 LFCE. Art. 59

I. Las posibilidades de sustituir el bien o servicio de que se trate por otros, tanto de origen nacional como extranjero, considerando las posibilidades tecnológicas, en qué medida los consumidores cuentan con sustitutos y el tiempo requerido para tal sustitución;

II. Los costos de distribución del bien mismo; de sus insumos relevantes; de sus complementos y de sustitutos desde otras regiones y del extranjero, teniendo en cuenta fletes, seguros, aranceles y restricciones no arancelarias, las restricciones impuestas por los agentes económicos o por sus asociaciones y el tiempo requerido para abastecer el mercado desde esas regiones;

III. Los costos y las probabilidades que tienen los usuarios o consumidores para acudir a otros mercados;

IV. Las restricciones normativas de carácter federal, local o internacional que limiten el acceso de usuarios o consumidores a fuentes de abasto alternativas, o el acceso de los proveedores a clientes alternativos;

V. Los demás que se establezcan en las Disposiciones Regulatorias, así como los criterios técnicos que para tal efecto emita la Comisión.[13]

2.3.5 Insumo esencial

Se denomina insumo esencial a una materia prima o componente que resulte indispensable para la producción o integración de un bien o para proporcionar un servicio, la LFCE tiene diversas referencias a este concepto, en particular cuando se niega, se restringe el acceso a un insumo esencial, conducta que puede ser clasificada como práctica monopólica.[14]

---

13 LFCE. Art. 59

14 LFCE. Art. 56, fracc. XII

El Artículo 60 de la LFCE, establece.

Artículo 60. Para determinar la existencia de insumo esencial, la Comisión deberá considerar:

I. Si el insumo es controlado por uno, o varios Agentes Económicos con poder sustancial o que hayan sido determinados como preponderantes por el Instituto Federal de Telecomunicaciones;

II. Si no es viable la reproducción del insumo desde un punto de vista técnico, legal o económico por otro Agente Económico;

III. Si el insumo resulta indispensable para la provisión de bienes o servicios en uno o más mercados, y no tiene sustitutos cercanos;

IV. Las circunstancias bajo las cuales el Agente Económico llegó a controlar el insumo, y

V. Los demás criterios que, en su caso, se establezcan en las Disposiciones Regulatorias.

2.3.6 Grupo de interés económico.

En la materia de competencia económica, la denominación de *Grupo de interés Económico* se refiere particularmente cuando la acción o conducta económica se realice o lleve a cabo cuando los agentes económicos que pertenezcan al mismo grupo y mantengan el mismo interés; es decir, una corporación o un grupo empresarial.

La anterior interpretación se deriva del contenido del Artículo 93 de la LFCE, particularmente en su fracción I., mismo que se reproduce a continuación.

"Artículo 93. No se requerirá la autorización de concentraciones a que se refiere el artículo 86 de esta Ley en los casos siguientes:

I. Cuando la transacción implique una reestructuración corporativa, en la cual los Agentes Económicos pertenezcan al mismo grupo de interés económico y ningún tercero participe en la concentración;... "

Bibliografía:

Domínguez Vargas, Sergio. "Teoría Económica" Editorial Porrúa. 2019

Muñoz Fraga, Rafael. "Derecho Económico" Editorial Porrúa, 2011

Muñoz Fraga, Rafael. "El marco normativo de la competencia económica en el derecho económico mexicano" Facultad de Derecho. UNAM. 2015

Roll, Eric. "Historia de las doctrinas económicas" FCE. 2029.

Schettino, Macario. "Introducción a la Economía" Ed. Prentice Hall

Tamayo y Salmorán, Rolando. "Razonamiento y Argumentación Jurídica". IIJ.UNAM. 2004

Constitución Política de los Estado Unidos Mexicanos.

Ley Federal de Competencia Económica.

UNIDAD 3
Órganos encargados de la competencia en México

JOSÉ LUIS MANCILLA ROSALES[1]

INTRODUCCIÓN

a) Pacto por México

Los presidentes de los tres partidos políticos nacionales de mayor representatividad en el país, Partido Acción Nacional, Partido Revolucionario Institucional y Partido de la Revolución Democrática suscribieron, el 2 de diciembre de 2012, conjuntamente con el titular del Ejecutivo Federal un acuerdo político nacional denominado Pacto por México.

El Pacto por México se integró por tres ejes rectores y cinco acuerdos. Fueron ejes rectores: i) el fortalecimiento del Estado Mexicano, ii) la democratización de la economía y la política, así como la ampliación y aplicación eficaz de los derechos sociales, y iii) la participación de los ciudadanos como actores fundamentales en el diseño, la ejecución y la evaluación de las políticas públicas. Por su parte, fueron acuerdos: i) Sociedad de Derechos y Libertades; ii) Crecimiento Económico, Empleo y Competitividad; iii) Seguridad y Justicia; iv) Transparencia, Rendición de Cuentas y Combate a la Corrupción y v) Gobernabilidad Democrática.

---

1 Profesor en las Facultades de Derecho y de Ciencias Políticas y Sociales de la UNAM, y en la Facultad de Derecho de la Universidad Anáhuac Norte.

Conforme al acuerdo Crecimiento Económico, Empleo y Competitividad se intensificaría la competencia económica en todos los sectores de la economía, destacando los sectores estratégicos como telecomunicaciones, transporte, servicios financieros y energía; para ello, se instrumentaría una política de Estado basada en un arreglo institucional que la dotara de fuerza y permanencia con el propósito de profundizar la competencia económica de México.

Entre las acciones que se plantearon como parte de esa política de Estado destacaron los Compromisos 37, 38, 39, 40, 41, 42, 43, 44 y 45, del tenor siguiente:

- (Compromiso 37) Fortalecer a la Comisión Federal de Competencia. (COFECO). Se indicó que se dotaría a la entonces COFECO de mayores herramientas legales mediante las reformas necesarias para determinar y sancionar posiciones dominantes de mercado en todos los sectores de la economía, particularmente se le otorgaría la facultad para la partición de monopolios. Se precisarían en la ley los tipos penales violatorios en materia de competencia y se garantizarían los medios para hacerlos efectivos, así mismo se acotarían los procedimientos para dar eficacia a la ley.
- (Compromiso 38) Creación de Tribunales especializados en materia de competencia económica y telecomunicaciones. Se realizarían las reformas necesarias para crear tribunales especializados que permitieran dar mayor certeza a los agentes económicos al aplicar de manera más eficaz y técnicamente informada los complejos marcos normativos que regulan las actividades de telecomunicaciones y los litigios sobre violaciones a las normas de competencia económica.
- (Compromiso 39) Derecho al acceso a la banda ancha y efectividad de las decisiones del órgano regulador. Se reformaría la Constitución para reconocer el derecho al acceso a la banda ancha y para evitar que las empresas de

este sector eludieran las resoluciones del órgano regulador vía amparos u otros mecanismos litigiosos.

- (Compromiso 40) Reforzar autonomía de la COFETEL. Se reforzaría la autonomía y la capacidad decisoria de la entonces Comisión Federal de Telecomunicaciones para que operara bajo reglas de transparencia y de independencia respecto de los intereses que regulaba.
- (Compromiso 41) Desarrollar una robusta red troncal de telecomunicaciones. Se garantizaría el crecimiento de la red de la Comisión Federal de Electricidad (CFE), los usos óptimos de las bandas 700MHz y 2.5GHz, y el acceso a la banda ancha en sitios públicos bajo el esquema de una red pública del Estado.
- (Compromiso 42) Agenda digital y acceso a banda ancha en edificios públicos. Se crearía una instancia específicamente responsable de la agenda digital que debía encargarse de garantizar el acceso a internet de banda ancha en edificios públicos, fomentaría la Inversión pública y privada en aplicaciones de telesalud, telemedicina y Expediente Clínico Electrónico, e instrumentaría la estrategia de gobierno digital, gobierno abierto y datos abiertos.
- (Compromiso 43) Competencia en radio y televisión. Se licitarían más cadenas nacionales de televisión abierta, implantando reglas de operación consistentes con las mejores prácticas internacionales, tales como la obligación de los sistemas de cable de incluir de manera gratuita señales radiodifundidas (must carry), así como la obligación de la televisión abierta de ofrecer de manera no discriminatoria y a precios competitivos sus señales a operadores de televisiones de paga (must offer), imponiendo límites a la concentración de mercados y a las concentraciones de varios medios masivos de comunicación que sirvieran a un mismo mercado, para asegurar un incremento sustancial de la competencia en los mercados de radio y televisión.

- (Compromiso 44) Competencia en telefonía y servicios de datos. Se regularía a cualquier operador dominante en telefonía y servicios de datos para generar competencia efectiva en las telecomunicaciones y eliminar barreras a la entrada de otros operadores, incluyendo tratamientos asimétricos en el uso de redes y determinación de tarifas, regulación de la oferta conjunta de dos o más servicios y reglas de concentración, conforme a las mejores prácticas internacionales. En ese sentido, se licitaría la construcción y operación de una red compartida de servicios de telecomunicaciones al mayoreo con 90MHz en la banda de 700MHz para aprovechar el espectro liberado por la Televisión Digital Terrestre; así como se reordenaría la legislación del sector telecomunicaciones en una sola ley que contemplara, entre otros, los principios antes enunciados.
- (Compromiso 45) Se buscaría que la adopción de las medidas de fomento a la competencia en televisión, radio, telefonía y servicios de datos fuese simultánea.

Sin perjuicio de que el citado Pacto se difuminó en el tiempo, y a la fecha ha quedado en el olvido, no obsta mencionar que fue un paso importante para llevar a cabo, entre otras, la reforma constitucional en materia de telecomunicaciones y competencia económica de 2013.

b) Iniciativa del Ejecutivo Federal de reforma constitucional

Derivado del Pacto por México, el 11 de marzo de 2013, el titular del Ejecutivo Federal y los Diputados Coordinadores de los Grupos Parlamentarios de los Partidos Acción Nacional, Revolucionario Institucional, de la Revolución Democrática, y Verde Ecologista de México, presentaron ante la Cámara de Diputados del H. Congreso de la Unión la Iniciativa de Decreto que reforma y adiciona diversas disposiciones de la Constitución Política de los Estados Unidos Mexicanos[2]. La Iniciativa también estuvo acompañada por los presidentes de los tres primeros partidos políticos mencionados.

De acuerdo con el texto de la propia Iniciativa, la misma tuvo como objeto "garantizar la libertad de expresión y de difusión, y el derecho a la información, así como el derecho de acceso efectivo y de calidad a las tecnologías de la información y la comunicación y a los servicios de radiodifusión y telecomunicaciones, incluido el de banda ancha. Asimismo, propone la creación de órganos reguladores con autonomía constitucional, con las facultades necesarias para asegurar el desarrollo eficiente de los sectores de telecomunicaciones y radiodifusión, y asegurar condiciones de competencia y libre concurrencia, tanto en los sectores referidos, como en la actividad económica en general."[3]

Aunado a lo anterior, se señaló que "la iniciativa prevé una serie de acciones específicas para la reordenación de los mercados en estas materias en el corto plazo, tales como medidas aplicables a agentes económicos preponderantes, desagregación de redes, obligaciones específicas respecto del ofrecimiento de señales radiodifundidas y su retransmisión en la televisión restringida, regulación convergente del uso y aprovechamiento del espectro radioeléctrico y la creación de una red troncal que mejore las condiciones de acceso a las telecomunicaciones, entre otras."[4]

---

2 El texto completo de la iniciativa del Ejecutivo Federal puede consultarse en la Gaceta Parlamentaria número 3726-II, Año XV, de fecha 12 de marzo de 2013. Consultado el 15 de enero de 2023 [en línea] <http://gaceta.diputados.gob.mx/PDF/62/2013/mar/20130312-II.pdf>

3 *Idem*, específicamente p. 7 del comunicado enviado por el Ejecutivo Federal.

4 *Ibidem*, p. 8.

En la Iniciativa, el Ejecutivo Federal especificó 11 puntos fundamentales: i) Reconocimiento del derecho al libre acceso a la información y derecho a la libertad de difusión; ii) Derecho de acceso a las tecnologías de la información y servicios de radiodifusión y telecomunicaciones, incluido el de banda ancha; iii) Creación de la Comisión Federal de Competencia Económica y del Instituto Federal de Telecomunicaciones como órganos constitucionales autónomos; iv) Tribunales especializados y efectividad de las resoluciones; v) Facultades del Congreso; vi) Legislación secundaria; vii) Convergencia; viii) Inversión extranjera; ix) Televisión Digital Terrestre; x) Medidas a cargo del Instituto Federal de Telecomunicaciones, y xi) Red troncal.

Se destaca que en la Iniciativa se reconoce que en ese momento los órganos que regulaban la actividad económica, principalmente los rubros de telecomunicaciones, competencia, banca y energía, entre otros, tenían la naturaleza de órganos administrativos desconcentrados, por lo que se encontraban jerárquicamente subordinados a las secretarías de Estado de su adscripción.

Dada la relevancia y trascendencia de la actividad reguladora, principalmente en las materias de competencia económica, telecomunicaciones y radiodifusión hacían conveniente que las autoridades reguladoras contaran con absoluta autonomía en el ejercicio de sus funciones y sujetándose a criterios eminentemente técnicos.

En ese contexto y con el propósito de promover la competencia y generar condiciones que permitieran hacer efectivos los derechos contenidos en la Constitución, además de aquellos derechos que se proponían adicionar con la reforma constitucional, se buscaba fortalecer las capacidades institucionales de los órganos colegiados encargados de regular la radiodifusión, las telecomunicaciones y la competencia económica.

Por tal motivo, la Iniciativa propuso crear a la Comisión Federal de Competencia Económica y al Instituto Federal de Telecomunicaciones como órganos constitucionales autónomos, con facultades necesarias para cumplir con eficacia su objeto.

Para el 21 de marzo de 2013 el Pleno de la Cámara de Diputados aprobó en lo general con 414 votos a favor, 50 en contra y 8 abstenciones[5], la Minuta con proyecto de decreto que reforma y adiciona diversas disposiciones de los artículos 6o., 7o., 27, 28, 73, 78 y 94 de la Constitución Política de los Estados Unidos Mexicanos, puesta a consideración por la Comisión de Puntos Constitucionales, y remitida al Senado de la República para los efectos constitucionales[6].

Por su parte, la Mesa Directiva de la Cámara de Senadores, el 2 de abril de 2013, informó al Pleno de la recepción de la Minuta, misma que turnó a las Comisiones Unidas de Puntos Constitucionales; de Comunicaciones y Transportes; de Radio, Televisión y Cinematografía, así como de Estudios Legislativos, para su estudio y dictamen, con opinión de las Comisiones de Gobernación y de Justicia.

Es de destacarse que, a diferencia de la Cámara de Diputados, el Senado realizó del 10 al 12 de abril de 2013 foros públicos en los que se "escucharon a los diversos invitados, académicos, investigadores, sociedad civil, organismos internacionales, indígenas, servidores públicos, especialistas y expertos en materia de telecomunicaciones y de competencia económica, quienes

---

5 Servicio de la Gaceta Parlamentaria, Cámara de Diputados, Votaciones de los dictámenes del segundo periodo ordinario del primer año de la LXII Legislatura, Jueves 21 de marzo de 2013, [en línea] <http://www.diputados.gob.mx/Votaciones.htm> [consulta: 15 de enero de 2023]

6 Dictamen visible en la Gaceta Parlamentaria número 3733-III, Año XV, de fecha 21 de marzo de 2013., [en línea] <http://gaceta.diputados.gob.mx/PDF/62/2013/mar/20130321-III.pdf> [consulta: 15 de enero de 2023]

manifestaron sus opiniones, comentarios, críticas y propuestas en torno a la Minuta objeto del presente dictamen."[7]

Para el 19 de abril de 2013, el Pleno del Senado aprobó con 118 votos a favor, 3 votos en contra y 0 abstenciones, el Dictamen de la Minuta, remitiéndolo a la Cámara de Diputados (Cámara de origen), para efectos de que ésta realizara nueva discusión únicamente sobre las reformas o adiciones respecto de la fracción VII del párrafo décimo noveno del artículo 28 constitucional, de conformidad con el artículo 72, inciso E de la Constitución[8].

---

7 Dictamen de las Comisiones Unidas de Puntos Constitucionales; de Comunicaciones y Transportes; de Radio, Televisión y Cinematografía y de Estudios Legislativos, con la opinión de las Comisiones de Gobernación y de Justicia, respecto de la Minuta con Proyecto de Decreto por el que se reforman y adicionan diversas disposiciones de los artículos 6o., 7o., 27, 28, 73, 78, 94 y 105 de la Constitución Política de los Estados Unidos Mexicanos en materia de telecomunicaciones (Dictamen Senado), [en línea] http://infosen.senado.gob.mx/sgsp/gaceta/62/1/2013-04-19-1/assets/documentos/DICTAMEN_TELECOMUNICACIONES.pdf [consulta: 15 de enero de 2023]

8 De acuerdo al artículo 72, apartado E de la Constitución: "Si un proyecto de ley o decreto fuese desechado en parte, o modificado, o adicionado por la Cámara revisora, la nueva discusión de la Cámara de su origen versará únicamente sobre lo desechado o sobre las reformas o adiciones, sin poder alterarse en manera alguna los artículos aprobados. Si las adiciones o reformas hechas por la Cámara revisora fuesen aprobadas por la mayoría absoluta de los votos presentes en la Cámara de su origen, se pasará todo el proyecto al Ejecutivo, para los efectos de la fracción A. Si las adiciones o reformas hechas por la Cámara revisora fueren reprobadas por la mayoría de votos en la Cámara de su origen, volverán a aquella para que tome en consideración las razones de ésta, y si por mayoría absoluta de votos presentes se desecharen en esta segunda revisión dichas adiciones o reformas, el proyecto, en lo que haya sido aprobado por ambas Cámaras, se pasará al Ejecutivo para los efectos de la fracción A. Si la Cámara revisora insistiere, por la mayoría absoluta

Una vez que la Cámara de origen devolvió al Senado las observaciones respectivas, la Cámara revisora aprobó el 30 de abril de 2013 (con 112 votos a favor, 3 en contra y 2 abstenciones) el Dictamen de la Minuta respecto de la fracción VII del párrafo décimo noveno del artículo 28 constitucional, y en dicha fecha remitió el Dictamen a las legislaturas locales.

Entre el 6 y el 21 de mayo de 2013, la Comisión Permanente del Congreso de la Unión recibió 23 comunicados de igual número de legislaturas locales[9] informando de la aprobación del Dictamen respectivo, con lo que el 22 de mayo se emitió la Declaratoria de constitucionalidad de la reforma en materia de telecomunicaciones, y se remitió al Ejecutivo Federal, quien el 10 de junio de 2013 promulgó dicha reforma.

Para el 11 de junio de 2013 se publicó en el Diario Oficial de la Federación el DECRETO por el que se reforman y adicionan diversas disposiciones de los artículos 6o., 7o., 27, 28, 73, 78, 94

---

de votos presentes, en dichas adiciones o reformas, todo el proyecto no volverá a presentarse sino hasta el siguiente período de sesiones, a no ser que ambas Cámaras acuerden, por la mayoría absoluta de sus miembros presentes, que se expida la ley o decreto sólo con los artículos aprobados, y que se reserven los adicionados o reformados para su examen y votación en las sesiones siguientes."

9 Las legislaturas locales fueron las correspondientes a los Estados de Aguascalientes, Baja California Sur, Campeche, Chiapas, Chihuahua, Coahuila de Zaragoza, Colima, Durango, Guanajuato, Hidalgo, Jalisco, de México, Morelos, Nayarit, Puebla, Querétaro, Quintana Roo, San Luis Potosí, Sonora, Tamaulipas, Veracruz, Yucatán y Zacatecas. Los comunicados pueden ser consultados en: Oficio de Resolución [en línea] <http://infosen.senado.gob.mx/sgsp/gaceta/62/1/2013-05-22-1/assets/documentos/TELECOMUNICACIONES_APROBADOS.pdf>

y 105 de la Constitución Política de los Estados Unidos Mexicanos, en materia de telecomunicaciones.[10]

Con base en este Decreto de reforma constitucional en materia de telecomunicaciones se revisarán la naturaleza, integración y atribuciones de los órganos encargados de la competencia en México, principalmente la Comisión Federal de Competencia Económica y el Instituto Federal de Telecomunicaciones, sin dejar de revisar aspectos similares por lo que hace al Instituto Mexicano para la Competitividad.

3.1 COMISIÓN FEDERAL DE COMPETENCIA ECONÓMICA

3.1.1 Antecedentes

El 24 de diciembre de 1992 fue publicada en el *Diario Oficial de la Federación* la primera Ley Federal de Competencia Económica (Ley 1992), reglamentaria del artículo 28 constitucional en materia de competencia económica, monopolios y libre concurrencia, de observancia general en toda la República y aplicable a todas las áreas de la actividad económica.

Esta Ley 1992 tuvo por objeto proteger el proceso de competencia y libre concurrencia, mediante la prevención y eliminación de monopolios, prácticas monopólicas y demás restricciones al funcionamiento eficiente de los mercados de bienes y servicios.

---

10 Secretaría de Gobernación, "DECRETO por el que se reforman y adicionan diversas disposiciones de los artículos 6o., 7o., 27, 28, 73, 78, 94 y 105 de la Constitución Política de los Estados Unidos Mexicanos, en materia de telecomunicaciones" en *Diario Oficial de la Federación* [en línea] <https://www.dof.gob.mx/nota_detalle.php?codigo=5301941&fecha=11/06/2013#gsc.tab=0>

Con la publicación de la Ley 1992 se abrogaron la Ley Orgánica del artículo 28 Constitucional en materia de Monopolios publicada en el Diario Oficial de la Federación el 31 de agosto de 1934 y sus reformas; la Ley sobre Atribuciones del Ejecutivo Federal en Materia Económica, publicada en el Diario Oficial de la Federación el 30 de diciembre de 1950 y sus reformas; la Ley de Industrias de Transformación, publicada en el Diario Oficial de la Federación el 13 de mayo de 1941; y la Ley de Asociaciones de Productores para la Distribución y Venta de sus Productos, publicada en el Diario Oficial de la Federación el 25 de junio de 1937.

Con la Ley 1992 se crea la Comisión Federal de Competencia (COFECO) como un órgano administrativo desconcentrado de la entonces Secretaría de Comercio y Fomento Industrial (posteriormente Secretaría de Economía); contaba con autonomía técnica y operativa y tenía a su cargo prevenir, investigar y combatir los monopolios, las prácticas monopólicas y las concentraciones, en los términos de la propia Ley, y gozaría de autonomía para dictar sus resoluciones.

El Pleno de la COFECO estaba integrado por cinco comisionados, incluyendo al Presidente de la Comisión. Los comisionados eran designados por el Titular del Ejecutivo Federal, y la Cámara de Senadores podía objetar dichas designaciones por mayoría.

3.1.2 Naturaleza y objeto

En términos de los párrafos décimo cuarto y vigésimo del artículo 28 de la Constitución Política de los Estados Unidos Mexicanos (Constitución), así como 10 de la Ley Federal de Competencia Económica (LFCE)[11], el Estado mexicano cuenta

---

11 La vigente Ley Federal de Competencia Económica fue publicada en el Diario Oficial de la Federación el 23 de mayo de 2014, y su última reforma fue publicada en el órgano de difusión el 20 de mayo de 2021.

con una Comisión Federal de Competencia Económica (COFECE), cuya naturaleza es la de ser un órgano constitucional autónomo, con personalidad jurídica y patrimonio propio, independiente en sus decisiones y funcionamiento, profesional en su desempeño, imparcial en sus actuaciones y ejercerá su presupuesto de forma autónoma.

La COFECE tiene por objeto garantizar la libre competencia y concurrencia, así como prevenir, investigar y combatir los monopolios, las prácticas monopólicas, las concentraciones y demás restricciones al funcionamiento eficiente de los mercados, en los términos que establecen la Constitución y las leyes.

En dicho orden, la COFECE cuenta con las facultades necesarias para cumplir eficazmente con su objeto, entre ellas las de ordenar medidas para eliminar las barreras a la competencia y la libre concurrencia[12]; regular el acceso a insumos[13] esenciales, y ordenar la desincorporación de activos, derechos, partes sociales o acciones de los agentes económicos, en las proporciones necesarias para eliminar efectos anticompetitivos.

---

12 De conformidad con el artículo 3, fracción IV de la LFCE, las barreras a la competencia y la libre concurrencia es cualquier característica estructural del mercado, hecho o acto de los Agentes Económicos que tenga por objeto o efecto impedir el acceso de competidores o limitar su capacidad para competir en los mercados; que impidan o distorsionen el proceso de competencia y libre concurrencia, así como las disposiciones jurídicas emitidas por cualquier orden de gobierno que indebidamente impidan o distorsionen el proceso de competencia y libre concurrencia.

13 Un factor o insumo es un bien o servicio que se utiliza para producir otro bien o servicio. Noción propuesta por Acemoglu Daron, Laibson David y. List John A, *Economía*, Antoni Bosh editor, España, 2017, p. 73.

3.1.3 Integración, facultades y atribuciones

Conforme al artículo 28 constitucional, el órgano de gobierno de la COFECE se integra por siete comisionados, incluyendo el comisionado presidente, designados en forma escalonada a propuesta del Ejecutivo Federal con la ratificación del Senado. Los comisionados durarán en su encargo nueve años y por ningún motivo podrán desempeñar nuevamente ese cargo. En caso de falta absoluta de algún comisionado, se procederá a la designación correspondiente, a través del procedimiento previsto en el referido artículo 28 constitucional y a fin de que el sustituto concluya el periodo respectivo.

El comisionado presidente será nombrado por la Cámara de Senadores de entre los comisionados, por el voto de las dos terceras partes de los miembros presentes, por un periodo de cuatro años, renovable por una sola ocasión. Cuando la designación recaiga en un comisionado que concluya su encargo antes de dicho periodo, desempeñará la presidencia sólo por el tiempo que falte para concluir su encargo como comisionado.

Para ser comisionado, en términos del artículo 28 de la Constitución, se deberán cumplir los siguientes requisitos: i) ser ciudadano mexicano por nacimiento y estar en pleno goce de sus derechos civiles y políticos; ii) ser mayor de treinta y cinco años; iii) gozar de buena reputación y no haber sido condenado por delito doloso que amerite pena de prisión por más de un año; iv) poseer título profesional; v) haberse desempeñado, cuando menos tres años, en forma destacada en actividades profesionales, de servicio público o académicas sustancialmente relacionadas con materias afines a las de competencia económica; vi) acreditar los conocimientos técnicos necesarios para el ejercicio del cargo; vii) no haber sido Secretario de Estado, Fiscal General de la República, senador, diputado federal o local, Gobernador de algún Estado o Jefe de Gobierno de la Ciudad de México, durante el año previo a su nombramiento, y viii) no haber ocupado, en los últimos tres años, ningún empleo, cargo o función directiva en las empresas que hayan estado sujetas a alguno de los procedimientos sancionatorios que sustancia el citado órgano.

Los comisionados deben abstenerse de desempeñar cualquier otro empleo, trabajo o comisión públicos o privados, con excepción de los cargos docentes; estarán impedidos para conocer asuntos en que tengan interés directo o indirecto, en los términos que la ley determine, y serán sujetos del régimen de responsabilidades del Título Cuarto de la Constitución y de juicio político. En la ley se regulan las modalidades conforme a las cuales los comisionados pueden establecer contacto para tratar asuntos de su competencia con personas que representen los intereses de los agentes económicos regulados.

Conforme al artículo 28 constitucional, los aspirantes a ser designados como comisionados acreditarán el cumplimiento de los requisitos señalados ante un Comité de Evaluación integrado por los titulares del Banco de México, el Instituto Nacional para la Evaluación de la Educación[14] y el Instituto Nacional de Estadística y Geografía. Para tales efectos, el Comité de Evaluación instalará sus sesiones cada que tenga lugar una vacante de comisionado, decidirá por mayoría de votos y será presidido por el titular de la entidad con mayor antigüedad en el cargo, quien tendrá voto de calidad.

En ese orden, el Comité emitirá una convocatoria pública para cubrir la vacante; debe verificar el cumplimiento, por parte de los aspirantes, de los requisitos contenidos en el artículo 28 constitucional y, a quienes los hayan satisfecho, aplicará

---

14 Con la reforma constitucional en materia educativa, publicada en el Diario Oficial de la Federación, el Instituto Nacional para la Evaluación de la Educación desapareció como órgano constitucional autónomo y, por lo tanto, el Comité de Evaluación únicamente se integra por los titulares del Banco de México y el Instituto Nacional de Estadística y Geografía.

un examen de conocimientos en la materia; el procedimiento deberá observar los principios de transparencia, publicidad y máxima concurrencia. Para la formulación del examen de conocimientos, el Comité de Evaluación deberá considerar la opinión de cuando menos dos instituciones de educación superior y seguirá las mejores prácticas en la materia.

El Comité de Evaluación, por cada vacante, enviará al Ejecutivo Federal una lista con un mínimo de tres y un máximo de cinco aspirantes, que hubieran obtenido las calificaciones aprobatorias más altas. En el caso de no completarse el número mínimo de aspirantes se emitirá una nueva convocatoria. El Ejecutivo seleccionará de entre esos aspirantes[15], al candidato que propondrá para su ratificación al Senado.

---

15 Cobra relevancia el hecho de que, ante la falta de propuesta por parte del Ejecutivo Federal al Senado para la designación de comisionadas y/o comisionados, aun y cuando el Comité de Evaluación ya le había remitido al Ejecutivo las listas respectivas con los nombres de las personas que habían atendido al procedimiento de selección correspondiente, la COFECE interpuso ante la Suprema Corte de Justicia de la Nación la controversia constitucional 207/2021. A través de la resolución de fecha 28 de noviembre de 2022, el Pleno de la Corte declaró la invalidez de la omisión del Poder Ejecutivo Federal de seleccionar, de entre los aspirantes que obtuvieron las calificaciones aprobatorias más altas en la convocatoria 2020 y en la convocatoria 2021, a los candidatos que debe proponer para su ratificación al Senado como comisionados integrantes del Pleno de la Comisión Federal de Competencia Económica; en ese orden, la Corte señaló que el titular del Ejecutivo Federal, en el plazo de 30 días naturales, seleccione de entre los aspirantes que obtuvieron las calificaciones aprobatorias más altas en la convocatoria 2020 y en la convocatoria 2021, a los candidatos que propondrá al Senado de la República para cada uno de los procedimientos para la designación de integrantes de la Comisión Federal de Competencia Económica pendientes y, en el caso de que el Senado de la República no apruebe dichas propuestas, el Ejecutivo Federal envíe a los subsecuentes aspirantes, en un plazo de diez días naturales.

La ratificación se hará por el voto de las dos terceras partes de los miembros del Senado presentes, dentro del plazo improrrogable de treinta días naturales a partir de la presentación de la propuesta; en los recesos, la Comisión Permanente convocará desde luego al Senado. En caso de que la Cámara de Senadores rechace al candidato propuesto por el Ejecutivo, el Presidente de la República someterá una nueva propuesta, en los términos del párrafo anterior. Este procedimiento se repetirá las veces que sea necesario si se producen nuevos rechazos hasta que sólo quede un aspirante aprobado por el Comité de Evaluación, quien será designado comisionado directamente por el Ejecutivo.

Es de resaltar que todos los actos del proceso de selección y designación de los comisionados son inatacables.

Al 15 de enero de 2023, el Pleno de la COFECE está integrada por Brenda Gisela Hernández Ramírez (2016-2025) -Comisionada Presidenta-, Alejandro Faya Rodríguez (2017-2026), José Eduardo Mendoza Contreras (2018-2027), Ana María Reséndiz Mora (2020-2029), y Andrea Marván Saltiel (2022-2031).[16]

Cabe señalar que el 6 de enero de 2023, la Comisión Permanente del Congreso General de los Estados Unidos Mexicanos recibió del Ejecutivo Federal dos comunicaciones respecto a la designación de Rodrigo Alcázar Silva y Giovanni Tapia Lezama, como comisionados de la COFECE, ambos por un periodo de nueve años. Al 15 de enero de 2023 dichas personas propuesta no han sido ratificadas o rechazadas.

En términos de la fracción V del párrafo vigésimo del artículo 28 de la Constitución, la LFCE y la Ley Federal de Telecomunicaciones y Radiodifusión garantizarán, dentro de la COFECE y del Instituto Federal de Telecomunicaciones, la separación entre la autoridad que conoce de la etapa de investigación y la que resuelve en los procedimientos que se sustancien en forma de juicio.

---

16 COFECE [en línea] <https://www.cofece.mx/conocenos/pleno/>

Ahora bien, conforme al artículo 12 de la LFCE, la COFECE tiene las siguientes atribuciones:

Garantizar la libre concurrencia y competencia económica; prevenir, investigar y combatir los monopolios, las prácticas monopólicas, las concentraciones y demás restricciones al funcionamiento eficiente de los mercados, e imponer las sanciones derivadas de dichas conductas, en los términos de la LFCE;

Ordenar medidas para eliminar barreras a la competencia y la libre concurrencia; determinar la existencia y regular el acceso a insumos esenciales, así como ordenar la desincorporación de activos, derechos, partes sociales o acciones de los Agentes Económicos en las proporciones necesarias para eliminar efectos anticompetitivos;

Practicar visitas de verificación en los términos de la LFCE, citar a declarar a las personas relacionadas con la materia de la investigación y requerir la exhibición de papeles, libros, documentos, archivos e información generada por medios electrónicos, ópticos o de cualquier otra tecnología, a fin de comprobar el cumplimiento de la LFCE, así como solicitar el apoyo de la fuerza pública o de cualquier Autoridad Pública para el eficaz desempeño de las atribuciones a que se refiere la LFCE;

Establecer acuerdos y convenios de coordinación con las Autoridades Públicas para el combate y prevención de monopolios, prácticas monopólicas, concentraciones ilícitas, barreras a la libre concurrencia y la competencia económica y demás restricciones al funcionamiento eficiente de los mercados;

Formular denuncias y querellas ante el Ministerio Público respecto de las probables conductas delictivas en materia de libre concurrencia y competencia económica de que tengan conocimiento;

Presentar solicitud de sobreseimiento respecto de probables conductas delictivas contra el consumo y la riqueza nacional previstas en el Código Penal Federal, cuando hubiere sido denunciante o querellante;

Ejercer el presupuesto de forma autónoma;

Crear los órganos y unidades administrativas necesarias para su desempeño profesional, eficiente y eficaz, de acuerdo con su presupuesto autorizado;

Ordenar la suspensión de los actos o hechos constitutivos de una probable conducta prohibida por esta Ley e imponer las demás medidas cautelares, así como fijar caución para levantar dichas medidas;

Resolver sobre los asuntos de su competencia y sancionar administrativamente la violación de la LFCE;

Resolver sobre condiciones de competencia, competencia efectiva, existencia de poder sustancial en el mercado relevante u otras cuestiones relativas al proceso de libre concurrencia o competencia económica a que hacen referencia ésta u otras leyes y reglamentos;

Emitir opinión cuando lo considere pertinente, o a solicitud del Ejecutivo Federal, por sí o por conducto de la Secretaría de Economía, o a petición de parte, respecto de los ajustes a programas y políticas llevados a cabo por Autoridades Públicas, cuando éstos puedan tener efectos contrarios al proceso de libre concurrencia y competencia económica de conformidad con las disposiciones legales aplicables, sin que estas opiniones tengan efectos vinculantes. Las opiniones citadas deberán publicarse;

Emitir opinión cuando lo considere pertinente, o a solicitud del Ejecutivo Federal, por sí o por conducto de la Secretaría de Economía, o a petición de parte, respecto de los anteproyectos de disposiciones, reglas, acuerdos, circulares y demás actos administrativos de carácter general que pretendan emitir Autoridades Públicas, cuando puedan tener efectos contrarios al proceso de libre concurrencia y competencia económica de conformidad con las disposiciones legales aplicables, sin que estas opiniones tengan efectos vinculantes. Las opiniones citadas deberán publicarse;

Emitir opinión cuando lo considere pertinente, o a solicitud del Ejecutivo Federal, por sí o por conducto de la Secretaría de Economía, de alguna de las Cámaras del Congreso de la Unión o a petición de parte, sobre iniciativas de leyes y anteproyectos de reglamentos y decretos en lo tocante a los aspectos de libre concurrencia y competencia económica, sin que estas opiniones tengan efectos vinculantes. Las opiniones citadas deberán publicarse;

Emitir opinión cuando lo considere pertinente, o a solicitud del Ejecutivo Federal, por sí o por conducto de la Secretaría de Economía, o de alguna de las Cámaras del Congreso de la Unión, respecto de leyes, reglamentos, acuerdos, circulares y actos administrativos de carácter general en materia de libre concurrencia y competencia económica, sin que estas opiniones tengan efectos vinculantes. Las opiniones citadas deberán publicarse;

Resolver sobre las solicitudes de opinión formal, y emitir orientaciones generales en materia de libre concurrencia y competencia económica que le sean formuladas de conformidad con los artículos 104 a 110 de la LFCE;

Emitir Disposiciones Regulatorias exclusivamente para el cumplimiento de sus atribuciones, así como su estatuto orgánico, que deberán publicarse en el Diario Oficial de la Federación;

Opinar cuando lo considere pertinente, o a solicitud del Ejecutivo Federal, por sí o por conducto de la Secretaría de Economía, o de la Cámara de Senadores del Congreso de la Unión sobre asuntos en materia de libre concurrencia y competencia económica en la celebración de tratados internacionales, en términos de lo dispuesto en la ley de la materia;

Opinar sobre la incorporación de medidas protectoras y promotoras en materia de libre concurrencia y competencia económica en los procesos de desincorporación de entidades y activos públicos, así como en los procedimientos de licitaciones, asignación, concesiones, permisos, licencias o figuras análogas que realicen las Autoridades Públicas, cuando así lo determinen otras leyes o el Ejecutivo Federal mediante acuerdos o decretos.

Promover, en coordinación con las Autoridades Públicas, que sus actos administrativos observen los principios de libre concurrencia y competencia económica;

Promover el estudio, la divulgación y la aplicación de los principios de libre concurrencia y competencia económica, así como participar en los foros y organismos nacionales e internacionales que tengan ese fin;

Publicar las Disposiciones Regulatorias que sean necesarias para el cumplimiento de sus atribuciones, entre las que deberán comprenderse las siguientes materias:

a) Imposición de sanciones;

b) Prácticas monopólicas;

c) Determinación de poder sustancial para uno o varios Agentes Económicos;

d) Determinación de mercados relevantes;

e) Barreras a la competencia y la libre concurrencia;

f) Insumos esenciales, y

g) Desincorporación de activos, derechos, partes sociales o acciones de los Agentes Económicos.

Para la expedición de las disposiciones regulatorias deberá realizarse consulta pública, salvo que a juicio de la Comisión se puedan comprometer los efectos que se pretenden lograr con dichas disposiciones o se trate de situaciones de emergencia.

Con independencia de la publicación de las disposiciones regulatorias a que se refiere la LFCE, la Comisión deberá expedir directrices, guías, lineamientos y criterios técnicos, previa consulta pública, en los términos del artículo 138 de la LFCE, en materia de:

a) Concentraciones;

b) Investigaciones;

c) Beneficio de dispensa y reducción del importe de las multas;

d) Suspensión de actos constitutivos de probables prácticas monopólicas o probables concentraciones ilícitas;

e) Determinación y otorgamiento de cauciones para suspender la aplicación de medidas cautelares;

f) Solicitud del sobreseimiento del proceso penal en los casos a que se refiere el Código Penal Federal, y

g) Las que sean necesarias para el efectivo cumplimiento de la LFCE.

Realizar u ordenar la realización de estudios, trabajos de investigación e informes generales en materia de libre concurrencia y competencia económica, en su caso, con propuestas de liberalización, desregulación o modificación normativa, cuando detecte riesgos al proceso de libre concurrencia y competencia económica, identifique un problema de competencia o así se lo soliciten otras Autoridades Públicas;

Aprobar los lineamientos para el funcionamiento del Pleno;

Elaborar el programa anual de trabajo y el informe trimestral de actividades que deberá ser presentado a los Poderes Ejecutivo y Legislativo Federal por conducto del Comisionado Presidente;

Solicitar o requerir, para el ejercicio de sus atribuciones, la información que estime necesaria;

Establecer mecanismos de coordinación con Autoridades Públicas en materia de políticas de libre concurrencia y competencia económica y para el cumplimiento de las demás disposiciones de la LFCE u otras disposiciones aplicables;

Ejercitar las acciones colectivas de conformidad con lo dispuesto en el Libro Quinto del Código Federal de Procedimientos Civiles;

Solicitar estudios que evalúen el desempeño de las facultades otorgadas a la Comisión, mismos que serán elaborados por académicos y expertos en la materia de manera independiente a la autoridad, y

Las demás que le confieran la LFCE y otras leyes.

3.2 INSTITUTO FEDERAL DE TELECOMUNICACIONES

3.2.1 Antecedentes

Con fecha 7 de junio de 1995, se publicó en el Diario Oficial de la Federación la Ley Federal de Telecomunicaciones (LFT), que tenía como objeto regular el uso, aprovechamiento y explotación del espectro radioeléctrico, de las redes de telecomunicaciones, y de la comunicación vía satélite. Además, tenía como objetivos promover un desarrollo eficiente de las telecomunicaciones; ejercer la rectoría del Estado en la materia, para garantizar la soberanía nacional; fomentar una sana competencia entre los diferentes prestadores de servicios de telecomunicaciones a fin de que éstos se prestaran con mejores precios, diversidad y calidad en beneficio de los usuarios, y promover una adecuada cobertura social.

Cabe resaltar que la LFT: (i) entró en vigor el 8 de junio de 1995, y (iii) de conformidad con el artículo Décimo Primero Transitorio del Decreto por el que se expidió, a más tardar el 10 de agosto de 1996, el Ejecutivo Federal constituiría un órgano desconcentrado de la entonces Secretaría de Comunicaciones y Transportes (SCT, hoy Secretaría de Infraestructura, Comunicaciones y Transportes), con autonomía técnica y operativa, el cual tendría la organización y facultades necesarias para regular y promover el desarrollo eficiente de las telecomunicaciones en el país, de acuerdo a lo que estableciera su decreto de creación.

En cumplimiento del artículo Décimo Primero Transitorio del Decreto por el que se expidió la LFT, con fecha 9 de agosto de 1996 se publicó en el DOF el Decreto de creación de la Comisión Federal de Telecomunicaciones (COFETEL), como un órgano desconcentrado de la SCT. La COFETEL sería el antecedente inmediato del Instituto Federal de Telecomunicaciones.

3.2.2 Naturaleza y objeto

En términos de los párrafos décimo quinto, décimo sexto, décimo séptimo y vigésimo del artículo 28 de la Constitución y artículo 7 de la Ley Federal de Telecomunicaciones y Radiodifusión, el Instituto Federal de Telecomunicaciones (IFT) es un órgano autónomo, con personalidad jurídica y patrimonio propio, independiente en sus decisiones y funcionamiento.

El IFT tiene por objeto el desarrollo eficiente de la radiodifusión y las telecomunicaciones, conforme a lo dispuesto en la Constitución y en los términos que fijen las leyes. Para tal efecto, tendrá a su cargo la regulación, promoción y supervisión del uso, aprovechamiento y explotación del espectro radioeléctrico, las redes y la prestación de los servicios de radiodifusión y telecomunicaciones, así como del acceso a infraestructura activa, pasiva y otros insumos esenciales, garantizando lo establecido en los artículos 6o. y 7o. de la Constitución.

Aunado a lo anterior, el IFT será también la autoridad en materia de competencia económica de los sectores de radiodifusión y telecomunicaciones, por lo que en éstos ejercerá en forma exclusiva las facultades que el artículo 28 constitucional y las leyes establecen para la COFECE y regulará de forma asimétrica a los participantes en estos mercados con el objeto de eliminar eficazmente las barreras a la competencia y la libre concurrencia; impondrá límites a la concentración nacional y regional de frecuencias, al concesionamiento y a la propiedad cruzada que controle varios medios de comunicación que sean concesionarios de radiodifusión y telecomunicaciones que sirvan a un mismo mercado o zona de cobertura geográfica, y ordenará la desincorporación de activos, derechos o partes necesarias para asegurar el cumplimiento de estos límites, garantizando lo dispuesto en los artículos 6o. y 7o. de la Constitución.

En términos constitucionales, al IFT le corresponde el otorgamiento, la revocación, así como la autorización de cesiones o cambios de control accionario, titularidad u operación de sociedades relacionadas con concesiones en materia de radiodifusión y telecomunicaciones.

3.2.3 Integración, facultades y atribuciones

Conforme al artículo 28 constitucional el órgano de gobierno del IFT, al igual que el de la COFECE, se integra por siete comisionados, incluyendo el comisionado presidente, designados en forma escalonada a propuesta del Ejecutivo Federal con la ratificación del Senado. Los comisionados durarán en su encargo nueve años y por ningún motivo podrán desempeñar nuevamente ese cargo. En caso de falta absoluta de algún comisionado, se procederá a la designación correspondiente, a través del procedimiento previsto en el referido artículo 28 constitucional y a fin de que el sustituto concluya el periodo respectivo.

Los requisitos, así como el procedimiento de selección para ser comisionado integrante del Pleno del IFT son los mismos que los aplicables para el caso de la COFECE.

De manera similar que en el caso de la COFECE, cobra relevancia el hecho de que, ante la falta de propuesta por parte del Ejecutivo Federal al Senado para la designación de tres comisionadas, aun y cuando el Comité de Evaluación ya le había remitido al Ejecutivo las listas respectivas con los nombres de las personas que habían atendido al procedimiento de selección correspondiente, el 22 de agosto de 2022 el IFT interpuso ante la Suprema Corte de Justicia de la Nación una controversia constitucional por la omisión del Ejecutivo Federal de proponer al Senado de la República a las candidatas a comisionadas de ese órgano regulador, a partir de las listas que le fueron enviadas por el Comité de Evaluación.

Al 15 de enero de 2023, el Pleno del IFT está integrado por Javier Juárez Mojica (2016-2025) -Comisionado Presidente-, Arturo Robles Rovalo (2017-2026), Sóstenes Díaz González (2018-2027), y Ramiro Camacho Castillo (2019-2028).[17]

Ahora bien, conforme a los artículos 28 constitucional y 12 de la LFCE, el IFT como autoridad de competencia económica en los sectores de radiodifusión y telecomunicaciones, tendrá las mismas facultades de la COFECE y que se han revisado en el apartado correspondiente de este artículo y que se remite al mismo en obvio de repeticiones.

3.3 INSTITUTO MEXICANO PARA LA COMPETITIVIDAD

3.3.1 Naturaleza y objeto

A diferencia de la COFECE y del IFT, el Instituto Mexicano para la Competitividad A.C. (IMCO) no es una autoridad en materia de competencia económica, sino "un centro de investigación apartidista y sin fines de lucro que investiga y actúa con base en evidencia para resolver los desafíos más importantes de México. Su

---

[17] Instituto Federal de Telecomunicaciones, Pleno, [en línea] <https://www.ift.org.mx/conocenos/pleno/integrantes-del-pleno> [consulta: 15 de enero de 2023]

misión es proponer políticas públicas y acciones viables e influir en su ejecución para lograr un México próspero e incluyente."[18]

El IMCO tiene como Misión enriquecer el debate y la toma de decisiones de política pública con evidencia y análisis de alto rigor técnico, con el objetivo de avanzar hacia un México más próspero, incluyente y justo.

La Visión del IMCO es transformar a México con datos, argumentos técnicos y nuevas tecnologías. Toda crítica con propuesta, toda propuesta con fundamento.

3.3.2 Facultades y atribuciones

En términos de la propia información identificada en su portal de Internet, al ser el IMCO un centro de investigación su función principal es la de investigar y actuar con base en evidencia para resolver los desafíos más importantes de México.

Los rubros en los que el IMCO realiza investigaciones y aporta sus resultados con la finalidad de impactar en las políticas públicas en México son competitividad, anticorrupción, ciudades, energía y medio ambiente, gobierno y finanzas, justicia y seguridad, y sociedad incluyente.

Fuentes de consulta

Bibliográficas.

DARON ACEMOGLU, David Laibson y JOHN A. List, *Economía*, Antoni Bosh editor, España, 2017.

18 INSTITUTO MEXICANO PARA LA COMPETITIVIDAD [en línea] <https://imco.org.mx/quienes-somos/>

Electrónicas.

DECRETO por el que se reforman y adicionan diversas disposiciones de los artículos 6o., 7o., 27, 28, 73, 78, 94 y 105 de la Constitución Política de los Estados Unidos Mexicanos, en materia de telecomunicaciones, Diario Oficial de la Federación del 11 de junio de 2013.

Dictamen reforma constitucional en materia de telecomunicaciones, Gaceta Parlamentaria número 3733-III, Año XV, de fecha 21 de marzo de 2013. Consultado el 15 de enero de 2023, en: http://gaceta.diputados.gob.mx/PDF/62/2013/mar/20130321-III.pdf

Legislación.

Constitución Política de los Estados Unidos Mexicanos, Cámara de Diputados del Congreso General de los Estados Unidos Mexicanos, visible en https://www.diputados.gob.mx/LeyesBiblio/pdf/CPEUM.pdf

Comisión Federal de Competencia Económica, https://www.cofece.mx

Iniciativa de reforma constitucional en materia de competencia económica, radiodifusión y telecomunicaciones del Ejecutivo Federal, Gaceta Parlamentaria número 3726-II, Año XV, de fecha 12 de marzo de 2013. Consultado el 15 de enero de 2023, en: <http://gaceta.diputados.gob.mx/PDF/62/2013/mar/20130312-II.pdf>

Instituto Federal de Telecomunicaciones, https://www.ift.org.mx

Instituto Mexicano para la Competitividad, https://imco.org.mx

Ley Federal de Competencia Económica, publicada en el Diario Oficial de la Federación del 24 de diciembre de 1992, y sus reformas.

Ley Federal de Competencia Económica, publicada en el Diario Oficial de la Federación del 23 de mayo de 2014, y su última reforma fue publicada en el órgano de difusión el 20 de mayo de 2021.

Pacto por México, consultado el 15 de enero de 2023, en: <https://embamex.sre.gob.mx/bolivia/images/pdf/REFORMAS/pacto_por_mexico.pdf>

UNIDAD 4
Prácticas Monopólicas Absolutas.

GUSTAVO ALEJANDRO URUCHURTU CHAVARÍN

4.1 ¿QUÉ SON LAS PRÁCTICAS MONOPÓLICAS ABSOLUTAS?

Las prácticas monopólicas absolutas, deben clasificarse como aquellas que por su propia naturaleza adolecen de ilegales, es decir, que su mera existencia por sí misma representa un daño grave a la competencia en las economías de libre mercado, y es por esto por lo que su prohibición se hace necesaria.

Se diferencian de las prácticas monopólicas relativas en que la ilegalidad de estas entraña dentro de sí una percepción pragmática de cada caso específico, cuya calidad será o no atribuida en función de los verdaderos efectos u objetos que aquellas representen, es decir, no son consideradas ipso facto como contrarias a la libre concurrencia.

En el caso de las prácticas monopólicas absolutas son sancionadas en nuestra legislación como per se ilegales, esto quiere decir, que no requiere de ningún tipo de análisis sobre sus efectos en el mercado, por lo que todo acuerdo cooperativo anticompetitivo por el simple hecho de existir es sancionado por la propia ley como ilegal en México.

El artículo 53 de la Ley Federal de Competencia Económica define a este tipo de prácticas como los contratos, convenios, arreglos o combinaciones entre agentes económicos competidores entre sí y cuyo objeto o efecto sea alguno de los siguientes:

I. Fijar, elevar, concertar o manipular el precio de venta o compra de bienes o servicios al que son ofrecidos o demandados en los mercados;

II. Establecer la obligación de no producir, procesar, distribuir, comercializar o adquirir sino solamente una cantidad restringida o limitada de bienes o la prestación o transacción de un número, volumen o frecuencia restringidos o limitados de servicios;

III. Dividir, distribuir, asignar o imponer porciones o segmentos de un mercado actual o potencial de bienes y servicios, mediante clientela, proveedores, tiempos o espacios determinados o determinables;

IV. Establecer, concertar o coordinar posturas o la abstención en las licitaciones, concursos, subastas o almonedas, y

V. Intercambiar información con alguno de los objetos o efectos a que se refieren las anteriores fracciones.

La razón de ser de estas conductas es que aquellas desarrollan determinados comportamientos que por sí mismos ya ponen en peligro el libre mercado, y que siendo indiferente si tal afección es un objetivo o una consecuencia de estos, la ley necesariamente debe limitarles debido a que al obviarlas se estarían permitiendo determinadas acciones que inescapablemente conducen al fracaso de la competencia económica.

Dentro de la doctrina clásica del derecho de la competencia económica, existe la partición de que este tipio de conductas son desempeñadas por agentes económicos competidores en el mismo estadio de la producción, es decir, horizontalmente, y que en cambio las relativas se hacen entre agentes de diferentes niveles productivos, es decir, verticalmente.

Para el caso legal, en México el propio artículo 53 de la Ley Federal de Competencia Económica, les otorga nulidad de pleno derecho e impide los efectos jurídicos que de ellas se desprenden en tanto cumplan con alguna de las cinco fracciones perfectamente definidas.

4.1.2 Elementos.

Existen determinados criterios para determinar la existencia de las prácticas monopólicas absolutas y que les diferencian de las relativas, es decir, capturan su naturaleza intrínseca los siguientes componentes:

1. Provienen de un acuerdo.

Para la existencia de esta clase de conductas, es menester que deriven de un acuerdo de cualquier tipo entre dos o más agentes competidores económicos, y no que provengan del desarrollo normal de la economía ya que es precisamente tal intervención artificiosa la que hace que estas vayan en contra del libre mercado, por lo que el arreglo entre competidores se hace indispensable.

Nótese que el texto legal hace referencia a arreglos, convenios, contratos o combinaciones, por lo que el espectro de posibilidades se amplía al grado en que cualquier acuerdo al respecto, con independencia de su naturaleza formal o contractual, en tanto cumplan con el resto de los requisitos seguirán constituyendo una práctica de este tipo dado que no existe una forma exigida específicamente por la ley para que se presente.

Esto es que acuerdos tácitos, expresos o de naturalezas especiales siguen abarcados por la prohibición; aunque en la práctica lo cierto es que los acuerdos tácitos o verbales siempre resultan en una odisea para demostrarse ante la autoridad competente dada su complejidad, lo cual -desde luego- no excluye su regulación, de tal forma que ''esta forma de colusión tácita, se conoce en la jerga de competencia como "paralelismo consciente" y quien la emprende como el "cartelista seguidor" en donde coordina su comportamiento como si estuvieran comprometidos en conductas colusorias para fijar precios y limitar la oferta y existe un temor por parte de estos agentes económicos que en caso de abandonar el comportamiento colusivo implicarían costosos efectos económicos para ellos, lo que constituye el incentivo para seguir adheridos a la práctica de esta conducta.

La propia Comisión Federal de Competencia Económica reconoce que los acuerdos tácitos ''son aquellos que no obran en ningún documento. Para probar su existencia, las autoridades en general toman en consideración indicios de esta conducta que se deriva de la información que obtienen. ", Por lo que si bien, conlleva una problemática probatoria, quedan igualmente cubiertos.

2. Son dadas entre agentes económicos competidores.

La propia Ley Federal de Competencia Económica establece como requisito indispensable que el acuerdo se dé únicamente entre agentes económicos directamente competidores, por lo que su existencia puede darse únicamente respecto de agentes económicos que ostentan una relación competencial entre sí, puesto que aquello ocasiona que el movimiento de estos verdaderamente roce con la libre concurrencia; de forma tal que su existencia se presentará solo cuando exista previamente una relación de competencia entre sus agentes.

Debe notarse que el criterio de competencia entre los agentes económicos que constituye el requisito para la existencia de este tipo de prácticas no es limitativo sino más bien amplio, puesto que no existe restricción alguna para determinar que solo ciertos productos o servicios plenamente idénticos han de ser afectados por esta prohibición. En efecto, la determinación de la relación de competencia no se satisface únicamente bajo el criterio de parentesco del bien o servicio ofrecido, ya que a esto se le suma un análisis que determine si uno compite respecto del otro aún si se trata de ofrecimientos sustancialmente idénticos, por lo que la quintaesencia de estas prácticas es la identificación de tal relación y no de la naturaleza de lo ofrecido.

Por lógica económica, los agentes económicos verticales no pueden constituir este tipo de prácticas dado que los estados previos y posteriores de la producción de determinado bien no representan una competencia por sí mismos, dado que es poco menos que imposible que una materia prima compita con un producto manufacturado o un servicio, de forma tal que estas conductas requieren que su desarrollo se encuentre en un marco igualitario de los niveles de producción so pena de calificarse más bien como una relativa y no encontrar una prohibición per se.

3. Tienen por objeto o efecto afectar ciertos aspectos de la competencia económica.

La preocupación respecto de estas prácticas obedece a que ''son las más dañinas para el proceso de libre competencia y concurrencia, toda vez que se erigen en barreras infranqueables a la entrada de nuevos competidores, y suponen una colusión en sectores claves de la economía y afecta por igual a otros agentes económicos, a consumidores y a los propios gobiernos" ; por lo cual deben ser prohibidas per se, esto es, eliminar competidores del mercado y el que se produzcan las ganancias monopólicas que finalmente afectan al consumidor final de los bienes y servicios que son ofrecidos.

Ahora, las causales puntuales que actualizan una práctica monopólica absoluta dentro del derecho mexicano son otorgadas de forma limitativa bajo cuatro supuestos específicos y un quinto que se refiere a los primeros a manera de intercambio de información, los cuales serán analizados uno por uno en líneas posteriores.

En este punto resulta necesario enfocarnos en las vertientes por las cuales puede darse, es decir, que tengan como objeto o efecto el daño a la competencia económica.

En cuanto al objeto, nos encontramos en presencia de un elemento volitivo de los agentes económicos que la desempeñan, es decir, que se remite a la intención de aquellos la cual debe ir encaminada a afectar el bien jurídicamente tutelado.

La distinción es necesaria puesto que en el caso de investigarse determinado acuerdo debido a tener por objeto atentar contra la libre concurrencia, la sanción se impondrá aun cuando el mismo no haya sido desempeñado, es decir, que basta el simple pacto sobre las acciones a tomar para que la ley prohíba tal conspiración y sancione a quienes pretenden llevarla a cabo.

En el caso de tener efectos sobre la competencia económica, ya se tienen elementos que pueden demostrar la existencia de dicho acuerdo, por lo que las consecuencias fácticas que tales comportamientos ocasionen son la vía más concreta para poder determinar la ilegalidad de la conducta.

Es cierto que debiendo remitirse a los efectos, la temporalidad de esta determinación exige un periodo relativamente prolongado en el que pueda identificarse la afección contra la libre concurrencia, por lo que a diferencia del carácter preventivo que ostenta la vertiente de ''por objeto", está más bien posee uno de persecución toda vez que la conducta no solo ha sido desempeñada, sino que ya es lo suficientemente notoria y es necesario eliminarla.

4. Son afectadas por una prohibición per se.

Como ya se ha señalado, el artículo 53 señala estas prácticas que se consideran colusorias, en consecuencias por el simple hecho de haber sido pactadas por los agentes económicos, son ilícitas; por lo que no requieren la ''evaluación" de algún propósito o efecto benéfico o pro competitivo que pudiesen tener; de ahí que se censuren sin mayor averiguación pues se estima que no tienen justificación económica por lo que se consideran ilegales, per se.

No hace falta en estos casos que se entre a un análisis profundo de las afecciones económicas experimentadas o cualquier otro criterio que pretenda arrebatar la ilegalidad de estos comportamientos como podría ser el tamaño minúsculo de quienes la desempeñaron o el control efímero que se haya dado a los precios producto de tales conducciones; lo importante aquí es establecer que, sin importar ningún alegato al respecto, todas estas conductas están prohibidas por el simple hecho de existir.

5. Son nulas de pleno derecho y no ocasionan ningún efecto jurídico.

Al ser de una naturaleza tan delicada, el derecho ha dispuesto que las mismas no sean sujetas a correcciones ni remedios, por lo que su ilegalidad se considera absoluta y la consecuencia de ello es que no provoquen efecto alguno en el mundo jurídico, ya que de hacerlo se estaría avalando la existencia de las misma únicamente al destruir su existencia cuando los efectos que pretendían o provocaron ya se presentaron, bloqueando así la posibilidad de que estas se desempeñen con el menor grado de éxito. Estos convenios pueden ser comparables a aquellos celebrados entre mafiosos en una organización criminal.

4.1.4 Sanciones

4.1.4.1 Administrativas

Estas pueden ser de tres tipos: La corrección de la práctica, la imposición de una multa o la desincorporación o enajenación de activos o partes sociales para la corrección de los efectos anticompetitivos como lo establece el artículo 127 de la Ley Federal de Competencia Económica.

a) Corrección de la práctica.

De acuerdo con lo previsto a la fracción I del artículo 127 de la Ley Federal de Competencia Económica, alude a la nulidad de pleno derecho que afecta a este tipo de prácticas y ocasiona que la corrección de esta sea sinónimo de su desaparición y la imposibilidad de que los efectos de aquella se presenten legalmente hablando, por lo que para tales efectos esto se traduce en que deberán retrotraerse los efectos de estas para jurídicamente hacer como si estas nunca hubieran nacido.

b) Multa.

La fracción IV del artículo 127 de la Ley Federal de Competencia Económica prevé la determinación de las sanciones pecuniarias, las cuales pueden llegar a ser por una cantidad máxima de hasta el diez por ciento de los ingresos del agente económico que la desempeñe.

No consideramos ocioso el recordar que los agentes con el suficiente poder de mercado como para desempeñar una práctica monopólica absoluta usualmente se hacen con ingresos por cifras exorbitantes, de tal suerte que la décima parte de aquello se traduce en cantidades de miles de millones de pesos o hasta dólares, por lo que la imposición de esta sanción no suele constituirse por cantidades efímeras que no afecten la contabilidad de la empresa, sino que realmente se antojan como un golpe trascendental a los estados financieros de la misma; teniendo en cuenta igualmente que el pago de la aquella difícilmente podría darse en una exhibición, y que el retardo de la misma ocasiona intereses que igualmente deben ser satisfechos.

Es importante hacer mención que el monto de la multa está dado en función de las características específicas de cada infractor en particular, para lo cual, como lo prevé el artículo 130 de la Ley Federal de Competencia Económica, la Comisión Federal de Competencia para determinar el monto de la multa deberá considerar, la reincidencia, la gravedad de la falta, el daño causado, la intencionalidad, la participación del infractor en el mercado, el tamaño del mercado afectado, la duración de la conducta que se sanciona, los antecedentes del infractor y su capacidad económica.

c) Desincorporación o enajenación de bienes o derechos.

Contemplada en el artículo 131 de la Ley Federal de Competencia Económica, esta se constituye como una sanción a la reincidencia por parte de determinado agente económica que previamente haya sido sancionado por la Comisión y consiste en la obligación legal de enajenar las partes sociales del agente reincidente para que se corrijan los efectos anticompetitivos, el cual estará constreñido a desprenderse de tales derechos dado que su conducta renuente provoca la necesidad de que se le impida el continuarla.

El punto crítico de esta sanción es el hacerlo en la medida de lo necesario para corregir los efectos adversos, por lo que tal determinación ha de hacerse en función de las especificaciones de cada caso en concreto y dependerá sobre todo del poder de mercado del agente infractor dado que aquello se traduce en la afección que ha de ser corregida y que en ningún caso podrá rebasar lo estrictamente necesario so pena de que su exceso sea igualmente ilegal.

4.1.4.2 Penales

El artículo 254 bis del Código Penal Federal es un espejo del artículo 53 de la Ley Federal de Competencia Económica y establece una sanción de entre cinco a diez años y multa de entre mil a diez mil días a quien recaiga en la comisión de alguno de los supuestos que constituyen las prácticas monopólicas absolutas, por lo que al tratarse de agentes económicos más comúnmente personas morales, el representante de las mismas encargado de la operación será quien resienta la sanción penal aquí contemplada dado que la responsabilidad penal no siempre sigue a la administrativa .

4.2 TIPOS DE PRÁCTICAS.

El artículo 53 de la Ley Federal de Competencia Económica establece que las prácticas monopólicas absolutas serán aquellas que tengan por objeto u efecto cualquiera de las siguientes hipótesis:

4.2.1 Fijar, elevar, concertar o manipular el precio de venta o compra de bienes o servicios al que son ofrecidos o demandados en los mercados;

Se considera que hay un acuerdo de fijación de precios cuando se lleva a cabo entre competidores de un mismo mercado y se adhieran a recomendaciones de precios emitidos por cámaras empresariales o cualquier competidor; también cuando el precio ofertado por dos o más competidores de un bien o de un servicio varia respecto a un precio de referencia internacional sobre el mismo bien o servicio; cuando los competidores de un mismo mercado establecen precios máximos y mínimos de venta o cuando se haya cruzado información de los competidores con efecto de fijar o manipular el precio.

La manipulación de precios en lo general tanto para la compra o venta de bienes o servicios no hace sino alterar lo que el libre mercado debe determinar por sí mismo, por lo que la modificación artificial de aquellos se constituye como una verdadera afección en contra de compradores y vendedores, ocasionando un desbalance en la ley de oferta y demanda que siempre debe encontrar equilibrio en las exigencias del mercado y no en los deseos de los agentes económicos.

Es importante mencionar que no se requiere que los precios sean manipulados al alza o la baja, sino que la mera intervención en los mismos satisface esta fracción y ocasiona que la práctica quede prohibida ipso facto.

Ahora, esto no debe confundirse con el relativo equilibrio de precios que es propio de la competencia económica en el cual la mayoría de los bienes o servicios demandados ronda determinado umbral al ser este el precio al que están dispuestos a adquirirlo los consumidores ya que aquello deriva de la naturaleza del libre mercado y no de la intervención artificial de los agentes económicos que en este participan, por lo que esta situación se aparta de la prohibición que implica una práctica absoluta.

4.2.2 Establecer la obligación de no producir, procesar, distribuir, comercializar o adquirir sino solamente una cantidad restringida o limitada de bienes o la prestación o transacción de un número, volumen o frecuencia restringidos o limitados de servicios;

En cuanto al flujo de mercancía y el proceso en el cual se traslada desde el productor hasta el consumidor final puede ser una alternativa de manipulación menos obvia que el truncar los precios, por lo que no resulta especialmente extraño que determinados agentes opten por limitar la producción misma y su logística, ya que aquello inevitablemente tendrá efectos en los precios finales y afectará el libre mercado.

En este caso resulta conveniente señalar que se requiere de una obligación respecto de la producción, por lo que del acuerdo previamente establecido debe derivarse este constreñimiento no siendo necesario el establecimiento de un medio para hacerla valer si es incumplida, ya que estamos en presencia de un comportamiento que por sí mismo es ilegal, y cuya única remisión a una obligación se hace respecto de algo que igualmente contraviene a la ley.

En este tipo de práctica encontramos aquellos acuerdos realizados entre competidores cuya finalidad es restringir lao oferta de bienes o servicios de tal manera que facilitan la manipulación de los precios, esto como resultado de restringir la oferta, lo que les permite aumentar los precios obteniendo ganancias monopólicas, teniendo efectos muy similares a los acuerdos de precios entre competidores.

4.2.3 Dividir, distribuir, asignar o imponer porciones o segmentos de un mercado actual o potencial de bienes y servicios, mediante clientela, proveedores, tiempos o espacios determinados o determinables;

El libre mercado se basa propiamente en que la participación dentro del mismo ha de ser asignada por la competitividad que los participantes desempeñen dentro de él, por lo que el repartirlo mediante un acuerdo que permita la intervención solo en un área, tiempo o proporción determinados hace que aquello se destruya puesto que no habrá manera de que la libertad del consumidor y el resto de agentes económicos afecte la distribución o precios del producto o servicio en cuestión, puesto que aquello será limitado mediante el arreglo monopolista e impedirá que la oferta y demanda siga su curso normal.

En este caso, los competidores que producen un producto o prestan un servicio se ponen de acuerdo para asignarse entre ellos porcentajes del mercado; dividirse ventas por un territorio o asignarse clientes, dando como resultado que ninguno de los competidores tenga incentivos para competir dentro de ese segmento o cuota de mercado, teniendo como efecto final eliminar opciones para los consumidores, lo que hace que esta práctica sea muy dañina.

La partición debe darse en unidades de medida determinadas, es decir, perfectamente identificadas, o bien, mediante medios determinables que no contando con precisión indubitable, igualmente permitan al agente participante el saber cuándo, a quién o dónde debe ofrecer sus bienes o servicios; de tal suerte que aquello repetidamente ha intentado establecerse como la manera de intentar eludir esta disposición legal, por lo que en tanto de un modo u otro el agente sea capaz de determinar su porción de mercado, esta fracción se actualiza.

4.2.4 Establecer, concertar o coordinar posturas o la abstención en las licitaciones, concursos, subastas o almonedas.

Esta conducta resulta relativamente menos común ya que hay muy pocos casos relacionados con este tipo de práctica, sin embargo, esta se basa en el espíritu mismo de la puja en ofertas para la adquisición de determinados derechos cuya esencia es la de atribuirse al mejor postor, por lo que el acuerdo que derive en la simple determinación de la postura o precios comunes dispuestos a ofrecerse o el acuerdo de participar o abstenerse de participar en este tipo de concursos atenta directamente en contra de la libre competencia, haciendo necesario que la misma se prohíba y sus efectos se exterminen.

Además, estas prácticas van en contra de los objetivos gubernamentales de competencia y libre concurrencia, así como también en los de eficacia y transparencia en la contratación pública, ya que al incurrir en estas prácticas los competidores afectan el objetivo que tienen las licitaciones, concursos y las subastas públicas de ser un medio equitativo y eficiente para competir en los mercados de los bienes y servicios públicos.

4.2.5 Intercambiar información con alguno de los objetos o efectos a que se refieren las anteriores fracciones.

De forma bastante cercana a la conspiración para cometer ilícitos, el compartir información que tenga como finalidad o consecuencia alguno de los otros cuatro supuestos crea un escenario en el que se desincentiva a los agentes económicos al realizar comunicaciones que de un modo u otro deriven en una afección directa a la libre competencia, por lo que en el supuesto donde la finalidad de tal diálogo sea alguna de las fracciones, aun sin haber experimentado las consecuencias de ello la prohibición entra en juego. Para el caso donde el efecto de un intercambio aparentemente inocente sea igualmente cualquiera de los supuestos del artículo, tal conducta también ha de considerarse monopólica dado que remitirnos únicamente a las intenciones últimas de los agentes que la desempeñan, se constituiría como un deber poco menos que imposible dado que la finalidad de cada sujeto es indeterminable más allá de cualquier duda razonable en este contexto.

4.3 PROGRAMA DE INMUNIDAD Y REDUCCIÓN DE SANCIONES.

Fundado en el artículo 103 de la Ley Federal de Competencia Económica y el Acuerdo mediante el cual el Pleno emite la Guía del Programa de Inmunidad y reducción de sanciones (Acuerdo CFCE-312-320), el programa de inmunidad y reducción de sanciones es una herramienta con la cual cuenta la Comisión Federal de Competencia Económica con la finalidad de acelerar la investigación y sanción de prácticas ilícitas en materia de libre concurrencia, ofreciendo beneficios legales al adherente a cambio de la colaboración activa, real y trascendente para la persecución del ilícito.

La adhesión a este programa no es tan sencilla, puesto que han de ser satisfechos determinados elementos que permitan a la autoridad el verdaderamente adjudicar el beneficio que de ello se desprende, ya que se parte del supuesto que la naturaleza de la iniciación de este es la confesional de un acto ilícito, por lo que el tratamiento de este deberá ser en extremo delicado.

4.3.1 CONDUCTAS INCLUIDAS EN EL PROGRAMA DE INMUNIDAD Y REDUCCIÓN DE SANCIONES.

El programa aplica únicamente a prácticas monopólicas absolutas, es decir, cualquiera de las cinco fracciones del artículo

53 de la lfce no extendiéndose a ninguna otra práctica como podrían ser las relativas.

Esto se debe a la innegable trascendencia que las absolutas tienen en el mercado, siendo de especial cuidado ya que alteran fuertemente las condiciones de oferta y demanda; por lo que al tenerse efectos de dicha magnitud es menester que los mismos sean corregidos a la mayor brevedad posible, aún si aquello implica la liberación de ciertas responsabilidades a quienes hayan participado en éstas.

Recordamos que este tipo de prácticas sobrevienen de acuerdos previamente dados entre competidores, por lo que solo aquellos que fehacientemente hayan sido parte de aquellos y hayan participado en el mismo serán acreedores al beneficio que de esto emana, existiendo un punto sumamente delicado al determinar si la inclusión del agente en dicho acuerdo entrañaba verdaderamente una participación activa en el mismo o si aquello se dio únicamente como un medio para arremeter en contra de quienes sí pertenecían a este, por lo que aquello ha de ser ventilado a la luz de cada caso y la consecuencia que de ello emane será materia de la ponderación del beneficio.

Para hacerse acreedor a los beneficios del programa, deberán cumplirse los siguientes requisitos por parte del solicitante:

1. Para obtener el máximo beneficio se requiere ser el primero de los agentes económicos involucrados en la práctica monopólica absoluta en buscar acogerse a los beneficios de este programa y aportar los elementos suficientes.
2. Cooperar de forma plena y continua con la Comisión durante la investigación y en su caso, el procedimiento administrativo seguido en forma de juicio.
3. Que realice todas las acciones necesarias para terminar su participación en esta práctica.

La identidad de los agentes económicos y de las personas que pretenden acogerse a los beneficios de este programa será confidenciales.

4.3.2 Beneficios.

Existen dos tipos de beneficios de acuerdo con lo previsto en el artículo 103 de la Ley Federal de Competencia Económica y Acuerdo mediante el cual el Pleno emite la Guía del Programa de Inmunidad y reducción de sanciones (Acuerdo CFCE-312-320):

I. Liberación de la responsabilidad penal:

En términos del artículo 254 bis del Código Penal Federal, las personas físicas que en representación de una moral o por su propio derecho reconozcan haber participado o coadyuvado en la práctica en cuestión no serán acreedoras a la responsabilidad penal, es decir, se trata de una exoneración completa puesto que ninguna obligación de esta índole podrá ser atribuida al sujeto que por sí mismo o en representación de un agente económico haya sido parte del supuesto específico.

II. Reducción de la multa.

El monto de la multa podrá ser reducido en términos del artículo 103 de la Ley Federal de Competencia Económica hasta por las siguientes cantidades, siendo importante el señalar que se trata de topes máximos y no de cantidades perfectamente otorgadas, por lo que la reducción obedecerá a cada caso en específico y al nivel de participación que el agente económico haya desempeñado aun cuando posteriormente ejerza su derecho de defensa.

Las reducciones son hasta por las siguientes cantidades:

a. Aplicación de hasta por una Unidad de Medida y Actualización para el primer agente económico que se adhiera al programa.

b. Reducción de hasta el 50, 30 o 20 por ciento de la multa máxima aplicable para los solicitantes subsecuentes.

Es importante aclarar que la LFCE establece que la Comisión tomará en cuenta el orden cronológico en el que se presentaron los solicitantes, más no ordena una prelación que asigne estos montos exclusivamente debido al momento en el que se adhirieron al programa, sino que esto será solo un criterio para tomar en cuenta al reducir la multa, pero que por sí mismo no otorga un porcentaje específico únicamente basándose en la cronología.

4.3.3 Procedimiento.

Previsto en el artículo 103 de la Ley Federal de Competencia Económica, y el mismo se detalla en el punto cuarto del Acuerdo mediante el cual el Pleno emite la Guía del Programa de Inmunidad y reducción de sanciones (Acuerdo CFCE-312-320), el cual consta de las siguientes etapas:

4.3.3.1 Solicitud.

La solicitud puede hacerse vía telefónica o mediante correo electrónico, y posteriormente se citará al solicitante para que de manera presencial y protegida acuda a proporcionar los medios de convicción necesarios para acogerse al programa e iniciar la investigación.

4.3.3.2 Sujetos que pueden presentar una solicitud.

Las personas que pueden acogerse a los beneficios de este programa pueden ser las morales y las físicas. En el caso de las primeras pueden ser aquellas que haya o estén incurriendo en una práctica monopólica absoluta o que haya o estén coadyuvando, propiciando, induciendo o participando en la comisión de una práctica monopólica absoluta. En el caso de las segundas serán aquellas personas que haya o estén participando en una práctica monopólica absoluta en representación o por cuenta y orden de personas morales. También que haya o estén coadyuvando, propiciando, induciendo o participando en la comisión de una práctica monopólica absoluta y por último que hayan incurrido o estén incurriendo en lo personal en una práctica monopólica absoluta.

Los beneficios de este programa también se pueden extender a otras personas físicas o morales del mismo grupo económico que hubieran incurrido o estén incurriendo en prácticas monopólicas absolutas y a los individuos que hayan participado directamente en dichas prácticas ya sea en representación de una empresa moral o por su cuenta.

4.3.3.3 Momento en que debe presentarse una solicitud.

El momento procesal oportuno para hacer la solicitud de adhesión al programa se corresponde a dos estadios específicos: i. Antes de que la Comisión inicie la investigación correspondiente, o, ii. Una vez iniciada, antes de que se proceda a la sanción de los agentes económicos participantes.

La lógica detrás de esto es en extremo clara, puesto que la finalidad del programa es el de facilitar la persecución de la práctica, por lo que en tanto la Comisión no se haga con los elementos de prueba suficientes para sancionar la utilidad del programa aún se presenta y esta se extinguirá tan pronto como la aportación de los participantes le sea intrascendente para imponer las sanciones correspondientes.

4.3.3.4 Información que debe contener la solicitud.

Conforme al Acuerdo No. CFCE-312-2020 que emite la Guía del Programa de Inmunidad y Reducción de Sanciones, la solicitud deberá contener al menos los siguientes elementos:

a. Identidad del interesado.

b. Manifestación expresa e indubitable de acogerse al programa

c. Datos de contacto, que incluyen nombre, teléfono, correo electrónico y domicilio en Ciudad de México para oír y recibir notificaciones.

d. Industria o mercado, incluyendo los bienes o servicios objeto de la solicitud.

Es importante mencionar que hasta que tal información no sea satisfecha, la solicitud se tendrá por no interpuesta y no surtirá efectos legales algunos, por lo que aquello debe ser considerado teniendo en cuenta el estado de la investigación pertinente.

4.3.3.5 Trámite de la solicitud.

De conformidad con el punto D del Ver Acuerdo mediante el cual el Pleno emite la Guía del Programa de Inmunidad y reducción de sanciones (Acuerdo CFCE-312-320), ingresada la solicitud con toda la información pertinente se le otorgará al solicitante una clave y un marcador que asegura su puesto cronológico respecto de los demás solicitantes y se le citará a una reunión con la Autoridad Investigadora de la Comisión en donde deberá de aportar la información necesaria respecto de la práctica perseguida, que de determinar que esta es suficiente le otorgará al solicitante un Acuerdo condicional de inmunidad, el cual garantiza los beneficios pero los condiciona a la cooperación activa y real durante la investigación, o bien, se le dará un Acuerdo de cancelación de clave y marcador en caso de que aquello no sea atendido.

Cerrada la investigación, si la Autoridad Investigadora determina que durante el desarrollo el solicitante verdaderamente aportó a la misma, se harán válidos los beneficios reconocidos en el Acuerdo condicional y se exonera de la responsabilidad penal, así como se procederá a la reducción proporcional de la multa.

4.3.3.6 Obligaciones de los solicitantes.

El Acuerdo establece que, durante la investigación, el solicitante que se haya hecho con un Acuerdo condicional tendrá las siguientes obligaciones:

a. Reconocer su participación y detener inmediatamente sus efectos.
b. Guardar confidencialidad de la información entregada a la Comisión.
c. Entrega en tiempo y forma de la información solicitada por la Autoridad investigadora.
d. Cooperación real y efectiva respecto de las solicitudes de la COFECE.
e. No destruir ni falsificar información de ningún tipo.
f. Seguir reportando el desarrollo de prácticas monopólicas absolutas de las que tenga conocimiento en el mercado de referencia.

4.4 ANÁLISIS DE CASOS.

A. Investigación y sanción a colusión en la industria avícola.

En 2009, mediante el expediente IO-005-2009 la COFECE identificó prácticas monopólicas absolutas en el mercado de carne de pollo del Distrito Federal (Actual Ciudad de México) y el área metropolitana, imponiendo una sanción de 132 millones de pesos a los responsables por el intercambio de información y la celebración de acuerdos para la fijación de precios de la carne de pollo en determinados puntos de venta en esta área geográfica.

Entre los responsables figuraban Bachoco, Tyson, Pilgrim´s, San Antonio, Pollo de Querétaro y diversas personas físicas que coadyuvaron por orden o en coalición con tales empresas con el fin de desempeñar la práctica monopólica. Esta consistía en que los competidores fijaron para los periodos comprendidos entre el 1 al 14 de septiembre de 2008 y 29 de octubre al 7 de noviembre de 2009 determinados precios que impedían que la tendencia a la baja del precio de la carne de pollo afectara sus ventas, es decir, acordaron incrementar el precio durante estos lapsos de tiempo con la finalidad de que al tener precios del producto a la baja, el poder de mercado de estos competidores estableciera un marco mínimo al cual se vendería la carne de pollo, impidiendo así que el precio decreciera demasiado y estos pudieran mantener utilidades relativamente altas durante esta baja en el ciclo económico de los precios.

Adicionalmente, para tales efectos, los competidores intercambiaron información pertinente ante la Unión Nacional de Avicultores (UNA), para de esta manera lograr una fijación de precios conjuntamente satisfactoria e impedir así las pérdidas respecto de las ventas de estos periodos.

Estas conductas actualizan la fracción I y V del artículo 53 de la LFCE en la que se prohíbe la fijación de precios y el intercambio de información con tales efectos, por lo que las conductas ahí desempeñadas adolecían de ilegalidad y por lo tanto debieron ser castigadas por parte de la Comisión.

La COFECE cuenta con facultades de sanción dentro de su artículo 126 y 131, por lo que su decisión fue controvertida mediante diversos juicios de amparo promovidos en contra de la resolución de la Autoridad Investigadora en la que se les sancionaba, los cuales posteriormente fueron denegados y la sanción tomó lugar.

B. Investigación en el mercado de los servicios integrales de estudios de laboratorio y de banco de sangre, así como de bienes y servicios relacionados con éstos, contratados por el sistema nacional de salud en el territorio nacional.

En 2016, el IMSS denunció ante la COFECE la posible coalición entre diferentes prestadores de servicios de laboratorios y bancos de sangre, los cuales eran contratados tanto por el IMSS como por el ISSSTE para la prestación de servicios médicos a los derechohabientes mediante la modalidad de ''servicios integrales" desde 2008 para el primero y 2010 para el segundo.

La prestación de estos servicios clínicos era otorgada mediante licitaciones públicas en las que los diferentes ofertantes proponían determinados precios que contemplaban servicios clínicos integrales y ambos institutos se hacían con el precio más conveniente respecto del plan más amplio ofrecido.

No obstante lo anterior, mediante la investigación DE-011-2016, el día 9 de noviembre de 2018 la COFECE determinó que Selecciones Médicas, S.A. de C.V.; Selecciones Médicas del Centro, S.A. de C.V.; Centrum Promotora Internacional, S.A. de C.V.; Impromed, S.A. de C.V.; Hemoser, S.A. de C.V.; Instrumentos y Equipos Falcón, S.A. de C.V.; Dicipa, S.A. de C.V.; Grupo Vitalmex, S.A. de C.V.; Vitalmex Internacional, S.A. de C.V.; Vitalmex Administración, S.A. de C.V., y Vitalmex Soporte Técnico, S.A. de C.V, cometieron prácticas monopólicas absolutas en perjuicio del IMSS e ISSSTE relativas a la fijación de posturas dentro de las licitaciones públicas.

El desarrollo de la práctica consistía en que los participantes previamente a las licitaciones de ambos institutos, mediante correos electrónicos, llamas telefónicas y ciertas juntas, intercambiaron información respecto de su capacidad instalada, identificando la delegación del IMSS o ISSSTE que ofrecería la licitación, por lo que el mercado fue seccionado en función de la capacidad de cada agente económico que se atribuyó con la finalidad de que cada uno se hiciera con la que más le convenia. Una vez hecho esto, quien resultaba merecedor de cierta delegación de alguno de los institutos ofrecía un precio determinado (que en gran parte de los casos alcanzó un sobreprecio de 58%) y los demás ofertantes proponían montos lo suficientemente altos como para que a los institutos no les quedara ninguna opción viable más que la de hacerse con la oferta que previamente había sido negociada entre los competidores.

Esta coalición ocasiono que durante más de 8 años para el IMSS y 6 para el ISSSTE, la adquisición de los servicios clínicos y de banco de sangre se dieran en un marco de sobreprecio que ocasionó un daño importante a las finanzas de ambos institutos y derivó en que en gran parte el servicio le fuera negado a derechohabientes que lo necesitaban por falta de presupuesto o de ocupación, lo que derivó en una afección a su salud.

Las conductas presentadas por estos competidores actualizaron las fracciones III, IV y V del artículo 53 de la LFCE al haber una partición de mercado y una fijación de posturas ante licitaciones públicas derivadas del intercambio de información al respecto, por lo que en agosto de 2020 la COFECE impuso a estas empresas y sus 14 representantes legales multas que conjuntamente sumaron la cantidad de 626,457,527.00 pesos (Seiscientos veintiséis millones cuatrocientos cincuenta siete mil quinientos veintisiete 00/100 M.N).

Derivado de lo anterior, en 2022 la Secretaría de la Función Pública inhabilitó a cinco de estas empresas a hacerse con contratos de gobierno, aunque tanto la multa como dicha determinación fue controvertida por los afectados.

Referencias.

Bibliografía y hemerografía.

CONTRERAS FELIX, Eréndina, y LÓPEZ RODRIGUEZ, Sergio, Las prácticas monopólicas absolutas y mecanismos de compliance en la COFECE, COFECE, 2018.

GARCÍA CASTILLO, Tonatiuh, Ley Federal de Competencia Económica, Comentarios, concordancias y jurisprudencias, UNAM, Instituto de Investigaciones Jurídicas, México, 2016.

GONZÁLEZ ARAGÓN, Gabriel, Prácticas monopólicas absolutas. Una aproximación sobre la teoría de los efectos en los cárteles internacionales Absolute Monopolistic Practices. An Approach About the Theory of the Effects in International Cartels, Revista de Derecho Privado, Cuarta Época, año V, núm. 9, enero-junio 2016, Instituto de Investigaciones Jurídicas, UNAM, 2016.

GONZÁLEZ DE COSSÍO, Francisco, Competencia económica aspectos jurídicos y económicos, editorial Porrúa, México, 2005.

HEFTYE ETIENNE, Fernando, La viabilidad de instrumentar un programa de inmunidad en materia de competencia, Competencia Económica en México, Comisión Federal de Competencia Económica, Editorial Porrúa, México, 2004.

Políticas y Ley de Competencia Económica en México, examen inter pares de la OCDE, Banco Inter Americano de Desarrollo, 2004.

SARMIENTO, Sergio, El sentido de la competencia, La primera década de la Comisión Federal de Competencia Económica, Comisión Federal de Competencia Económica, México, 2018.

Prácticas monopólicas absolutas, Comisión Federal de Competencia Económica [en línea] https://www.cofece.mx/wp-content/uploads/2018/05/4practicasmonopolicasabsoluta.pdf

Investigación en el mercado de los servicios integrales de estudios de laboratorio y de banco de sangre, así como de bienes y servicios relacionados con éstos, contratados por el sistema nacional de salud en el territorio nacional, COFECE, disponble en:

https://www.cofece.mx/wp-content/uploads/2020/11/art-bancosangre-13noviembre2020.pdf

Análisis de práctica monopólica absoluta, Investigación y sanción a colusión en la industria avícola, COFECE, disponble en:

https://www.cofece.mx/wp-content/uploads/2017/11/Historia_Pollos_280316.pdf#pdf

Legislación.

Ley Federal de Competencia Económica.

Constitución Política de los Estados Unidos Mexicanos.

Acuerdo mediante el cual el pleno emite la Guía del Programa de Inmunidad y Reducción de Sanciones, (Acuerdo No. CFCE-312-2020).

Jurisprudencia.

Tesis I.1o.A.E.85 A (10a.) Gaceta del Semanario Judicial de la Federación, Libro 23, octubre de 2015, Tomo IV, página 3831.

Tesis I.1o.A.E.162 A (10a.), Gaceta del Semanario Judicial de la Federación, Libro 32, julio de 2016, Tomo III, página 2182

UNIDAD 5
Prácticas monopólicas relativas

YVONNE GEORGINA TOVAR SILVA[1]

5.1. LAS PRÁCTICAS MONOPÓLICAS RELATIVAS

El ejercicio de la libertad económica no envuelve per se la posibilidad limitada a realizar cualquier conducta en el mercado, ya que al igual que cualquier otro derecho, éste no es absoluto, sino que debe ejercerse dentro de ciertos límites y parámetros que garanticen que no se violen los derechos ajenos y que la libertad económica y de empresa se desarrolle responsablemente por los agentes participantes del mercado. Para Barrera Graf, la libertad irrestricta de comercio conduce a su abuso, en donde la concurrencia en el mercado de varios competidores se realice bajo prácticas torcidas y desleales. Es así que la libertad de competencia encuentra determinadas restricciones y prohibiciones, en donde adquieren particular interés el tema de los monopolios y prácticas monopólicas.

En este marco, el artículo 28, párrafo primero de la Constitución Política de los Estados Unidos Mexicanos que contempla la prohibición de los monopolios y las prácticas monopólicas. En seguimiento al texto constitucional, la Ley Federal de

---

1 Doctora, Maestra y Licenciada en Derecho por la Facultad de Derecho de la UNAM. Magíster en Derecho Internacional: Comercio, Inversiones y Arbitraje por las Universidades de Chile y Heidelberg. Posdoctorado en Nuevos Retos de la Gobernanza Pública por la Universidad de Salamanca, España. Profesora de la Facultad de Derecho, UNAM. Correo electrónico ygtovars@derecho.unam.mx.

Competencia Económica contempla el Libro Segundo, Título Único denominado De las Conductas Anticompetitivas, en cuyo artículo 52 establece que están prohibidos los monopolios, las prácticas monopólicas, las concentraciones ilícitas y las barreras que, disminuyan, dañen, impidan o condicionen de cualquier forma la libre concurrencia o la competencia económica en la producción, procesamiento, distribución o comercialización de bienes o servicios.

Junto con las prácticas monopólicas absolutas, en el Capítulo III del referido Título Único del Libro Segundo de la Ley Federal de Competencia Económica se contemplan los supuestos que configuran las prácticas monopólicas relativas, así como la posibilidad del Agente Económico de demostrar la generación de ganancias en eficiencia y su incidencia favorable en el proceso de competencia económica y libre concurrencia, temas que se abordarán en los siguientes apartados.

5.1.1. Concepto

En general las prácticas monopólicas relativas son estrategias comerciales que llevan a cabo los agentes económicos por su simple participación en el mercado para incrementar las ganancias, lo cual requiere determinar si se trata de un mercado relevante, para después determinar si el o los agentes económicos investigados tienen poder sustancial en éste.

En términos del artículo 54 de la Ley Federal de Competencia Económica, se consideran prácticas monopólicas relativas las consistentes en cualquier acto, contrato, convenio, procedimiento o combinación que: I. Encuadre en alguno de los supuestos a que se refiere el artículo 56 de la referida Ley; II. Lleve a cabo uno o más Agentes Económicos que individual o conjuntamente tengan poder sustancial en el mismo mercado relevante en que se realiza la práctica, y III. Tenga o pueda tener como objeto o efecto, en el mercado relevante o en algún mercado relacionado, desplazar indebidamente a otros Agentes Económicos, impedirles sustancialmente su acceso o establecer ventajas exclusivas en favor de uno o varios Agentes Económicos.

A diferencia de las prácticas monopólicas absolutas, las relativas no se sancionan per se, sino que debe hacerse una evaluación de la práctica, el poder de mercado con el que cuenten el o los agentes económicos que lo cometen, así como los efectos de la práctica en el mercado consistentes en desplazar indebidamente a otros agentes del mercado, impedir el acceso a otros agentes a un mercado o establecer ventajas exclusivas a favor del agente. Adicionalmente, Francisco González de Cossío identifica una diferencia adicional entre ambas prácticas, ya que mientras en las prácticas monopólicas relativas adquieren una nota de verticalidad al presentarse entre agentes económicos situados en diferentes eslabones de la cadena productiva, las prácticas monopólicas absolutas se presentan entre agentes económicos competidores, con lo cual dichas prácticas adquieren un carácter horizontal, al estar en por lo menos en un mercado, en la misma faceta del proceso productivo dentro de un territorio determinado.

De esta manera, es posible apreciar que las prácticas monopólicas relativas adquieren sus propias notas distintivas en cuanto a las conductas que realizan los agentes económicos y sus efectos que distorsionan el adecuado funcionamiento de los mercados, lo cual conlleva considerar los alcances de los elementos, evaluación, análisis y posible sanción de dichas prácticas.

5.1.2. Elementos

Las prácticas monopólicas relativas se utilizan para atraer o ganar mayor participación de mercado, las cuales se encuentran prohibidas cuando concurren los siguientes elementos: (i) que quien las cometa tenga poder sustancial; (ii) que la conducta tenga el objeto o efecto de desplazar o impedir la entrada de sus competidores, y (iii) que las conductas carezcan de una justificación económica o no representen ganancias en eficiencia (beneficios) para el mercado.

Francisco González de Cossío ha señalado que para determinar si un agente económico ha incurrido en una práctica contraria a la competencia económica es necesario considerar los siguientes aspectos:

1. La determinación de la existencia de una práctica monopólica relativa, que en México, se encuentran contemplados en el artículo 56 de la Ley Federal de Competencia Económica consistentes en la división vertical de mercados, precios de reventa, ventas atadas, acuerdos de exclusividad, denegaciones de trato, boicots, depredación de precios, descuentos condicionados a exclusividad, subsidios cruzados, discriminación de precios, incremento de los costos de rivales, insumos esenciales y estrechamiento de márgenes.
2. La determinación del mercado relevante, que en términos del artículo 58 de la Ley Federal de Competencia Económica requiere considerar como criterios: las posibilidades de sustituir el bien o servicio de que se trate por otros; los costos de distribución del bien mismo; de sus insumos relevantes; de sus complementos y de sustitutos desde otras regiones y del extranjero, teniendo en cuenta fletes, seguros, aranceles y restricciones no arancelarias, las restricciones impuestas por los agentes económicos o por sus asociaciones y el tiempo requerido para abastecer el mercado desde esas regiones; los costos y las probabilidades que tienen los usuarios o consumidores para acudir a otros mercados; las restricciones normativas de carácter federal, local o internacional que limiten el acceso de usuarios o consumidores a fuentes de abasto alternativas, o el acceso de los proveedores a clientes alternativos, y las demás que se establezcan en las Disposiciones Regu-

latorias, así como los criterios técnicos que para tal efecto emita la Comisión Federal de Competencia Económica.

En este marco, el estudio de mercados es un punto de referencia medular en el análisis de los monopolios, ya que permiten conocer los procesos de las empresas en la toma de decisiones sobre precios y cantidades. En efecto, cuando se presentan mercados con competencia perfecta, existen muchos productores y vendedores de mercancía en los cuales, las acciones de un solo individuo no pueden afectar el precio de la misma, los productos de las empresas presentes en el mercado son homogéneos y en donde existe una perfecta movilidad de los recursos, y los consumidores, propietarios de los recursos y las empresas tienen conocimiento perfecto de los precios y costos actuales y futuros. En ese sentido, es posible concebir que el mercado de competencia perfecta es "cuando existen varios compradores y vendedores de una mercancía; se ofrecen productos similares; existe libertad absoluta para los compradores y vendedores y no hay control sobre los precios ni reglamento para fijarlos." De esta manera cualquier situación en la que se limite la presencia de productores y vendedores, o en su caso se afecte de manera injustificada el precio de las mercancías o se afecte la movilidad de recursos y consumidores, será objeto de análisis para determinar si se actualiza alguna conducta de práctica monopólica relativa.

3. Análisis de poder de mercado que se puede definir como:

   "La habilidad de un agente económico o un grupo de agentes económicos para influenciar/incrementar los precios o reducir abasto con la finalidad de extraer ganancias supra-competitivas, aunada a la inhabilidad de competidores para contrarrestar dicho poder".

   En seguimiento a González de Cossío, el método tradicional de probar la existencia del poder de mercado involucra primero la definición de un mercado relevante, luego la determinación de la participación de mercado del agente económico en el mercado, para luego decidir si es lo suficientemente grande como para soportar la inferencia de la existencia del poder de mercado.

4. Valoración de los efectos pro y anticompetitivos, paso al cual se llega una vez que se ha comprobado la existencia del poder sustancial es necesario determinar si el proceso competitivo se ve más dañado que fomentado, en cuyo caso el agente económico generará la responsabilidad de la conducta en cuestión. El daño al proceso competitivo puede materializarse en alguno de los siguientes escenarios: 1. Desplazamiento de la competencia del mercado; 2. Impedir en forma importante la entrada de competidores al mercado, o 3, Establecer ventajas exclusivas a favor de una o más personas.

5.1.3. Análisis de eficiencias

El artículo 55 de la Ley Federal de Competencia Económica contempla el tema del análisis de eficiencias. Al efecto, se prevé que las prácticas serán ilícitas y se sancionarán si son demostrados los supuestos de las fracciones anteriores, salvo que el Agente Económico demuestre que generan ganancias en eficiencia e inciden favorablemente en el proceso de competencia económica y libre concurrencia superando sus posibles efectos anticompetitivos, y resultan en una mejora del bienestar del consumidor. Entre las ganancias en eficiencia se podrán incluir alguna de las siguientes:

a) La introducción de bienes o servicios nuevos;

b) El aprovechamiento de saldos, productos defectuosos o perecederos;

c) Las reducciones de costos derivadas de la creación de nuevas técnicas y métodos de producción, de la integración de activos, de los incrementos en la escala de la producción y de la producción de bienes o servicios diferentes con los mismos factores de producción;

d) La introducción de avances tecnológicos que produzcan bienes o servicios nuevos o mejorados;

e) La combinación de activos productivos o inversiones y su recuperación que mejoren la calidad o amplíen los atributos de los bienes o servicios;

f) Las mejoras en calidad, inversiones y su recuperación, oportunidad y servicio que impacten favorablemente en la cadena de distribución, y

g) Las demás que demuestren que las aportaciones netas al bienestar del consumidor derivadas de dichas prácticas superan sus efectos anticompetitivos.

El referido análisis de las eficiencias dentro de las prácticas monopólicas relativas será una de las notas distintivas a considerar para la imposición de sanciones como se apreciará en el siguiente apartado.

5.1.4. Sanciones

En materia de sanciones es posible apreciar diferencias adicionales entre las prácticas monopólicas absolutas y las prácticas monopólicas relativas, ya que mientras en las primeras no se realiza un análisis de eficiencias, en las segundas sí se realiza dicho análisis, e igualmente se aprecia que mientras en las prácticas monopólicas absolutas la sanción se impone por la simple determinación de su existencia, en las prácticas monopólicas relativas es menester realizar un análisis de sus efectos competitivos, lo cual requiere valorar los beneficios en el proceso competitivo de una práctica, contra sus desventajas.

La propia naturaleza de las sanciones apunta a considerar un estándar distinto de aplicación de sanciones en las prácticas monopólicas absolutas y las relativas, ya que mientras en las primeras se aplica la regla per se, en las segundas es necesario aplicar la regla de razón. Sobre el particular resultan interesantes los criterios que ha emitido el Poder Judicial de la Federación en torno a la aplicación de la regla de la razón para demostrar la práctica monopólica relativa, lo cual involucra realizar una ponderación tanto de los beneficios, como de la afectación que pudiese ocasionar en casos concretos, es decir, valorar en su conjunto las circunstancias del caso para determinar la licitud del acuerdo, en función de sus fines y efectos. Entre otros aspectos, se requiere indagar si los acuerdos o restricciones a la competencia son razonables y, si no lo son, invalidarlos, lo cual se distingue de la regla "per se" aplicable a la investigación de las prácticas monopólicas absolutas, en donde se estima que dichas prácticas son intrínsecamente lesivas y deben ser perseguidas "por sí mismas" y no por los efectos que pueden causar, ya que ocasionan perjuicios para la competencia.

Así, es posible apreciar la diferencia en materia de sanciones por prácticas monopólicas absolutas y las relativas, es procedente a abordar las conductas que están sujetas a sanción.

5.1.4.1. Administrativas

La Comisión Federal de Competencia Económica como la autoridad encargada de velar por la libre competencia y la libre concurrencia se encuentra facultada para tramitar los procedimientos sancionadores que comprenden las investigaciones por prácticas monopólicas absolutas, prácticas monopólicas relativas y concentraciones ilícitas. En este marco, Aguilar Cortés expone que los procedimientos sancionadores en materia de competencia económica difieren de los procedimientos regulatorios en los supuestos ante los que se accionan, ya que mientras los procedimientos sancionadores constituyen una regulación ex post reactivos ante supuestas infracciones, en tanto que los segundos constituyen una regulación ex ante que no necesita que se actualicen las supuestas infracciones, sino que operan en escenarios potenciales de violación para evitar que efectivamente se generen daños a la eficiencia del mercado.

El artículo 127 fracciones I, V, VI, X y XI de la Ley Federal de Competencia Económica dispone que la Comisión Federal de Competencia Económica podrá aplicar como sanciones a las prácticas monopólicas relativas las siguientes:

- Ordenar la corrección o supresión de la práctica monopólica o concentración ilícita de que se trate.
- Multa hasta por el equivalente al ocho por ciento de los ingresos del Agente Económico, por haber incurrido en una práctica monopólica relativa, con independencia de la responsabilidad civil en que se incurra.
- Ordenar medidas para regular el acceso a los Insumos Esenciales bajo control de uno o varios Agentes Económicos, por haber incurrido en la práctica monopólica relativa prevista en el artículo 56, fracción XII de la Ley.
- Inhabilitación para ejercer como consejero, administrador, director, gerente, directivo, ejecutivo, agente, representante o apoderado en una persona moral hasta por un plazo de cinco años y multas hasta por el equivalente a doscientas mil veces el salario mínimo general diario vigente para el Distrito Federal, a quienes participen directa o indirectamente en prácticas monopólicas o concentraciones ilícitas, en representación o por cuenta y orden de personas morales.
- Multas hasta por el equivalente a ciento ochenta mil veces el salario mínimo general diario vigente para el Distrito Federal, a quienes hayan coadyuvado, propiciado o inducido en la comisión de prácticas monopólicas, con-

centraciones ilícitas o demás restricciones al funcionamiento eficiente de los mercados en términos de la Ley Federal de Competencia Económica.

En materia de imposición de multas administrativas destaca igualmente el criterio sustentado por los Tribunales Colegiados de Circuito, que en el procedimiento seguido por la posible comisión de prácticas monopólicas relativas han determinado una serie de factores que debe considerar la autoridad para imponer una multa al agente económico investigado por desacato a las obligaciones formales tendentes a facilitar la verificación del cumplimiento de los compromisos asumidos para evitar o corregir dichas conductas anticompetitivas. Al efecto, la autoridad tiene la obligación de fundar y motivar sus decisiones, a fin de explicitar el parámetro de las sanciones económicas y la naturaleza jurídica del sujeto, la relevancia de su conducta y sus consecuencias para graduar la magnitud de las sanciones, en su caso, si atiende a un propósito de lucro o no. Igualmente, debe atenderse a la gravedad y trascendencia del hecho, a los antecedentes del infractor, entre ellos, sus circunstancias particulares, el peligro potencial generado y las circunstancias de peligro o riesgo añadido. Finalmente, debe considerarse que la discrecionalidad para fijar el monto de la multa no debe ser arbitraria, sino que debe ser una decisión justificada, con arreglo a parámetros claros y que pondere las circunstancias entre los hechos imputados y la responsabilidad exigida.

Un aspecto adicional a considerar se encuentra previsto en el Capítulo IV del Título IV de los Procedimientos Especiales de la Ley Federal de Competencia Económica que contempla el procedimiento de dispensa y reducción del importe de multas. Al efecto, antes de que se emita el dictamen de probable responsabilidad, en un procedimiento seguido ante la Comisión por práctica monopólica relativa o concentración ilícita, el Agente Económico sujeto a la investigación, por una sola ocasión, podrá manifestar por escrito su voluntad de acogerse al beneficio de dispensa o reducción del importe de las multas establecidas en esta Ley, siempre y cuando acredite a la Comisión su compromiso para suspender, suprimir o corregir la práctica o concentración correspondiente, a fin de restaurar el proceso de libre concurrencia y competencia económica, y los medios propuestos sean jurídica y económicamente viables e idóneos para evitar llevar a cabo o, en su caso, dejar sin efectos, la práctica monopólica relativa o concentración ilícita objeto de investigación, señalando los plazos y términos para su comprobación. En caso de que el Pleno no acepte la propuesta del Agente Económico, la Comisión emitirá en un plazo de cinco días el acuerdo de reanudación del procedimiento.

La Comisión emitirá la resolución en un plazo de veinte días a partir de que la Autoridad Investigadora le presente su dictamen, que podrá decretar el otorgamiento del beneficio de la dispensa o reducción del pago de las multas que pudieran corresponderle, y las medidas para restaurar el proceso de libre concurrencia y de competencia económica. Los Agentes Económicos deberán aceptar de conformidad expresamente y por escrito la resolución definitiva dentro de un plazo de quince días contados a partir de la fecha en que sean notificados. En caso de que el Agente Económico de que se trate no acepte expresamente la resolución, los procedimientos que hayan sido suspendidos serán reanudados.

Finalmente, el artículo 134 de la Ley Federal de Competencia Económica dispone que aquellas personas que hayan sufrido daños o perjuicios a causa de una práctica monopólica o una concentración ilícita podrán interponer las acciones judiciales en defensa de sus derechos. Bajo este parámetro, es importante considerar lo que autores como Aguilar Cortés han considerado en el sentido de que los resultados del procedimiento administrativo y del proceso civil son contingentes, toda vez que si después de un procedimiento administrativo no se sanciona a determinados agentes económicos, ello no necesariamente conducirá a que los afectados no sean compensados, e incluso podría no existir la obligación de indemnizar a los demandantes en caso de que administrativamente se hubiere determinado la infracción de determinado agente económico.

5.1.4.2. Penales

En general el sistema penal está orientado a la sanción de las prácticas monopólicas absolutas, no a las prácticas monopólicas relativas, ni concentraciones. En este marco, el sistema penal económico actúa como una medida de última ratio con el propósito de detener una práctica monopólica, productiva o comercial, que genera un daño social, principalmente a los consumidores que demandan los bienes de un sector industrial en específico.

Así, como bien indica Aguilar Cortés, la responsabilidad penal no resulta de cualquier violación a la Ley de Competencia, sino exclusivamente de la comisión de una práctica monopólica absoluta, en los términos establecidos en el artículo 254 bis, Título Decimocuarto, Capítulo I del Código Penal Federal. La responsabilidad penal únicamente es investigada en los casos en que la Comisión Federal de Competencia Económica presente una querella en contra de los agentes económicos que consideren responsables en un Dictamen de Probable Responsabilidad durante el procedimiento administrativo de sanción. Dicha situación se presentó cuando en febrero de 2017, la referida Comisión presentó una querella en contra de determinados sujetos que se habrían coordinado en licitaciones públicas convocadas por el sector salud entre los años 2009 y 2015.

5.2. PRÁCTICAS ANTICOMPETITIVAS

Los artículos 54 fracción I, en concatenación con el artículo 56 de la Ley Federal de Competencia Económica permite advertir las prácticas monopólicas relativas, las cuales se mencionarán en los siguientes apartados.

5.2.1. Fijación de precios (u otras condiciones)

Consiste en la imposición del precio o demás condiciones que un distribuidor o proveedor deba observar al prestar, comercializar o distribuir bienes o servicios.

5.2.2. Segmentación de mercados

La segmentación de mercados se presenta entre agentes económicos que no sean competidores entre sí, la fijación, imposición o establecimiento de la comercialización o distribución exclusiva de bienes o servicios, por razón de sujeto, situación geográfica o por períodos determinados, incluidas la asignación de clientes o proveedores; así como la imposición de la obligación de no fabricar o distribuir por un tiempo determinado o determinable.

5.2.3. Exclusividades

La venta, compra o transacción sujeta a la condición de no usar, adquirir, vender, comercializar o proporcionar los bienes o servicios producidos, procesados, distribuidos o comercializados por un tercero.

Esta exclusividad se puede presentar con acuerdos que recaen en la exclusividad de suministro –el comprador se compromete a no adquirir los bienes de cualquier otro vendedor o requerir que el comprador satisfaga todas sus necesidades de insumos del productor-, contratos de volumen o abasto fijo –el vendedor se compromete a vender a una determinada entidad toda su producción del bien contratado o únicamente a un comprador en un área geográfica específica- o convenios de no competencia –una de las partes se compromete a no realizar una actividad específica en un área determinada.

Entre los peligros que conlleva esta práctica al proceso competitivo se encuentra el cierre de acceso a mercados y evitar la entrada a un mercado, el cierre de acceso de un rival a fuentes de suministro mediante un contrato de volumen o abasto fijo, incremento de los costos rivales, facilitador de colusión u oligopolio, constituirse en mecanismos para medir la discriminación de precios y prácticas de descuento anticompetitivas.

5.2.4. Boicot

Refiere a la concertación entre varios Agentes Económicos o la invitación a éstos para ejercer presión contra algún Agente Económico o para rehusarse a vender, comercializar o adquirir bienes o servicios a dicho Agente Económico, con el propósito de disuadirlo de una determinada conducta, aplicar represalias u obligarlo a actuar en un sentido determinado.

Ramírez Hernández señala que la manera en la que pueden eliminar a un competidor en el mercado es mediante una negativa de venta, compra o comercialización o ejerciendo presión para tal efecto, en cuyo caso es necesario el análisis del poder sustancial conjunto, una conducta que a su vez requiere la participación de dos agentes económicos competidores actuando en conjunto.

5.2.5. Depredación de precios

Consiste en la venta por debajo de su costo medio variable o la venta por debajo de su costo medio total, pero por arriba de su costo medio variable, si existen elementos para presumir que le permitirá al Agente Económico recuperar sus pérdidas mediante incrementos futuros de precios, en los términos de las Disposiciones Regulatorias.

En la interpretación de González de Cossío la depredación de precios consiste en “la práctica de establecer precios por debajo del costo con la finalidad de desplazar a rivales actuales o evitar la entrada de un competidor potencial y así capturar un mercado, a efecto de establecer precios supra-competitivos." La intención de la práctica es eliminar a los competidores actuales del mercado, o bien, impedir la entrada de nuevos competidores, para lo cual el agente económico con poder sustancial deberá: i) vender a precios por debajo de sus costos, lo que no se podría explicar sino por una práctica predatoria; ii) eliminar del mercado a sus competidores actuales o impedir la entrada a nuevos competidores, y iii) tener la posibilidad de recuperarse de las pérdidas ocasionadas por la práctica predatoria.

5.2.6. Descuentos por lealtad

Consiste en el otorgamiento de descuentos, incentivos o beneficios por parte de productores o proveedores a los compradores con el requisito de no usar, adquirir, vender, comercializar o proporcionar los bienes o servicios producidos, procesados, distribuidos o comercializados por un tercero, o la compra o transacción sujeta al requisito de no vender, comercializar o proporcionar a un tercero los bienes o servicios objeto de la venta o transacción.

Para Ramírez Hernández en esta práctica se condiciona un descuento, incentivo o beneficio, siempre y cuando no se hagan negocios con un tercero, el cual será el agente económico desplazado por la exclusividad. Esta conducta reduce la posibilidad de cambiar de proveedor, con lo cual se erige una barrera de acceso al mercado que evita que competidores atraigan o mantengan a consumidores o clientes.

5.2.7. Ventas atadas

Existirá una venta atada cuando un vendedor condiciona vender o se rehúsa a vender un producto que el comprador desea, a menos que el comprador también adquiera un segundo producto que, sin embargo, no es deseado por el comprador bajo las condiciones ofrecidas. Igualmente, se puede presentar la circunstancia de que el producto A y el producto B estén atados si el vendedor de A se rehúse a vender el producto A (producto atante), a menos que el consumidor también compre el producto B (producto atado).

Las preocupaciones por las ventas atadas en materia de competencia es que pueden representar un mecanismo para evitar el acceso a un mercado, desaparición de las firmas rivales del mercado atado, puede facilitar la coordinación de precios anticompetitiva entre oligopolistas en el mercado atado, capturar el valor del producto secundario atado, generar el cierre de acceso a un insumo mediante la venta atada, constituir una herramienta para discriminar o para explotar poder de mercado, entre otras.

5.2.8. Negativa de trato

Corresponde a la acción unilateral consistente en rehusarse a vender, comercializar o proporcionar apersonas determinados bienes o servicios disponibles y normalmente ofrecidos a terceros.

Para Ramírez Hernández, para probar la existencia de dicha práctica se deben demostrar los siguientes elementos: 1) que un agente económico solicitó a otro el producto o servicio; 2) que el segundo agente económico se negó a ofrecer el primero el producto o a prestarle el servicio; 3) que dicha negativa fue unilateral e injustificada; 4) que dicho producto o servicio es ofrecido a terceros por el agente económico al que se le solicitó; 5) que es posible para el agente económico solicitado ofrecer el producto o servicio al solicitante.

5.2.9. Subsidios cruzados

Refiere al uso de las ganancias que un Agente Económico obtenga de la venta, comercialización o prestación de un bien o servicio para financiar las pérdidas con motivo de la venta, comercialización o prestación de otro bien o servicio.

Para Ramírez Hernández los subsidios cruzados refieren a una conducta consistente en que un agente con poder sustancial en un mercado relevante utiliza las ganancias obtenidas en ese mercado para subsidiar otro bien o servicio ofrecido en uno diferente. El autor en comento ejemplifica esta acción con el supuesto de que un productor de coches y camionetas que tiene poder sustancial en la venta de coches, pero tiene costos muy altos en la producción de sus camionetas subsidia su producción de camionetas para poder venderlas más baratas y así desplazar a otros productores de camionetas.

5.2.10. Insumos esenciales

Refiere a la denegación, restricción de acceso o acceso en términos y condiciones discriminatorias a un insumo esencial por parte de uno o varios Agentes Económicos. En seguimiento a Ramírez Hernández para que se configure esta práctica es necesario contar con un agente económico verticalmente integrado que controle un insumo esencial, el cual puede subir el precio del insumo, o bien, bajar el precio de venta del producto final al consumidor final (o ambos), con lo cual se estrecha el margen de su competencia.

En este caso, la autoridad deberá atender a lo dispuesto por el artículo 60 de la Ley Federal de Competencia Económica que dispone que para determinar la existencia de un insumo esencial la Comisión deberá considerar: I. Si el insumo es controlado por uno, o varios Agentes Económicos con poder sustancial o que hayan sido determinados como preponderantes por el Instituto Federal de Telecomunicaciones; II. Si no es viable la reproducción del insumo desde un punto de vista técnico, legal o económico por otro Agente Económico; III. Si el insumo resulta indispensable para la provisión de bienes o servicios en uno o más mercados, y no tiene sustitutos cercanos; IV. Las circunstancias bajo las cuales el Agente Económico llegó a controlar el insumo, y V. Los demás criterios que, en su caso, se establezcan en las Disposiciones Regulatorias.

5.2.11. Estrechamiento de márgenes

Esta práctica consiste en reducir el margen existente entre el precio de acceso a un insumo esencial provisto por uno o varios agentes económicos y el precio del bien o servicio ofrecido al consumidor final por esos mismos agentes económicos, utilizando para su producción el mismo insumo.

En la perspectiva de González Cossío, el estrechamiento de márgenes ocurre cuando un agente económico establece un margen demasiado pequeño, a veces negativo, entre el precio final de un producto vendido al público y el precio de obtención de (acceso a) un insumo necesario para producirlo, cuando el agente económico que cuenta con el insumo es el único que lo provee y ambos compiten en el mercado final. Así, ocurrirá un estrechamiento de márgenes cuando el precio al que un agente económico verticalmente integrado vende un producto esencial a un rival ubicado hacia delante de la cadena productiva con el cual compite en dicho mercado es tan alto que el margen (utilidad) entre el mismo y el precio del producto final arroja un margen muy pequeño, a veces negativo.

5.2.12. Incremento de costos a rivales

Es la acción de uno o varios Agentes Económicos cuyo objeto o efecto, directo o indirecto, sea incrementar los costos u obstaculizar el proceso productivo o reducir la demanda que enfrentan otro u otros Agentes Económicos.

Como bien lo señala Ramírez Hernández, para acreditar la comisión de esta práctica, un agente económico con poder sustancial en un mercado relevante debe llevar a cabo acciones que tengan como efecto: i) incrementar los costos; ii) obstaculizar el proceso productivo, o iii) reducir la demanda de otros agentes económicos, y en donde un elemento clave es la relación entre la conducta del agente investigado y el efecto que el agente afectado argumente que dicha conducta tuvo sobre sus costos, proceso productivo o demanda.

5.3. ANÁLISIS DE CASOS

En el análisis de casos es preciso determinar si la conducta denunciada o investigada corresponde a una práctica monopólica relativa y determinar si éstas tuvieron o tienen el objeto o efecto de desplazar indebidamente a otros Agentes Económicos, impedir sustancialmente el acceso o establecer ventajas exclusivas, para lo cual se debe considerar el marco legal, los antecedentes y el análisis económico correspondiente.

De estimarse procedente, la Comisión iniciará una investigación contemplada en el Título Primero. De la Investigación del Libro Tercero. De los Procedimientos previstos en la Ley Federal de Competencia Económica.

Al efecto, es preciso apreciar que la Comisión en su etapa de investigación se basa en las siguientes etapas:

1. Formulación de hipótesis de posible daño a la competencia: Se formulan una o varias explicaciones tentativas de la causa y efectos de los hechos que sirvieron como causa objetiva para iniciar la investigación. Las hipótesis están formadas por dos elementos:

A) Teoría del caso: Se establecen las circunstancias de modo, tiempo y lugar en que pudieron realizarse los actos que sustentan los elementos que podrían actualizar la conducta investigada y los demás aspectos relevantes que derivan de la investigación. Con la teoría del caso es posible proveer una explicación razonable de cómo una conducta puede desplazar, impedir la entrada o poner en desventaja a Agentes Económicos, con lo cual se orienta la investigación para que se obtenga evidencia, empírica y material, de los efectos dañinos que pudieran tener algunas conductas.

B) Objeto o efecto: Se busca determina si una conducta disminuye, daña o impide la competencia o la libre concurrencia cuando derivado de dicha práctica el Agente Económico o los Agentes Económicos con poder sustancial conjunto, desplacen indebidamente a otros Agentes Económicos, impidan sustancialmente el acceso o establezcan ventajas exclusivas en favor de uno o varios Agentes Económicos, en el mercado relevante o en algún mercado relacionado.

2. Diseño de la investigación, en el cual se buscará contar con información, datos y medios de convicción idóneos y suficientes para sostener si las hipótesis del caso se corroboran o no.

3. Análisis preliminar del mercado investigado.- Consiste en la recolección de información, datos, evidencia o elementos de convicción necesarios para conocer el posible mercado en el que se llevará a cabo la investigación y en el que se realice una práctica monopólica relativa. En este análisis es importante entender los modelos de negocios en la industria y así identificar y analizar las hipótesis planteadas.

4. Recolección de información, datos, evidencia o medios de convicción que se consideren necesarios para cono-

cer la verdad de los hechos materia del procedimiento, que dependerán de las características específicas del mercado o sector investigado, los elementos que necesita obtener y el grado de cooperación e interacción que se tenga con el o los Agentes Económicos en específico. Entre las herramientas utilizadas se encuentran las visitas de verificación, las inspecciones, las comparecencias y los requerimientos de información y de documentos, entrevistas y consulta de fuentes públicas.

5. Comprobación o desechamiento de hipótesis de daño, a partir de la información obtenida. En caso de que la información recabada no confirme la hipótesis se propondrá el cierre de la investigación al encontrarse la inexistencia de elementos para adecuar la conducta investigada a alguna de las fracciones del artículo 56 de la Ley Federal de Competencia Económica para prácticas monopólicas relativas, bien que el o los agentes económicos a los que se les imputa la conducta monopólica relativa carezcan de poder sustancial en el mercado relevante, que existiendo la presunta conducta monopólica el o los agentes económicos a los que se les imputa la práctica o concentración aparentemente dañina demuestren que los efectos de las mismas genera ganancias en eficiencia e inciden favorablemente en el proceso de competencia económica y libre concurrencia superando sus posibles efectos anticompetitivos en cada mercado analizado, y resultan en una mejora del bienestar del consumidor; que existiendo la concentración no se cuente con elementos objetivos que permitan advertir que ésta, confirió o pudiera conferir poder sustancial al fusionante, al adquirente o Agente Económico resultante de la concentración; que existiendo la concentración, no se cuente con elementos objetivos que permitan advertir que ésta pueda tener por objeto o efecto establecer barreras a la entrada, impedir a terceros el acceso al mercado rele-

vante, a mercados relacionados o a insumos esenciales, o desplazar a otros Agentes Económico, o que pueda facilitar sustancialmente a los participantes en dicha concentración el ejercicio de conductas prohibidas por la Ley Federal de Competencia Económica; que existiendo la concentración, no se cuente con elementos que permitan advertir que tenga por objeto o efecto obstaculizar, disminuir, dañar o impedir la libre concurrencia o la competencia económica; que existiendo la concentración se cuente con elementos que permitan advertir a la autoridad investigadora que la concentración no debió ser previamente notificada para su autorización a la COFECE y que el acto jurídico materia de la concentración se perfeccionó un año natural previo a la emisión del acuerdo de inicio de investigación.

En caso de que se actualice la existencia de una práctica monopólica relativa se procede a la elaboración de un proyecto de dictamen que proponga el inicio del procedimiento seguido en forma de juicio por existir elementos objetivos que hagan probable la responsabilidad de los agentes económicos investigados o el cierre del expediente en caso de que no se tengan elementos para iniciar el procedimiento seguido en forma de juicio mediante el emplazamiento al o los probables responsables.

Fuentes de consulta

Bibliografía.

AGUILAR CORTÉS, Jesús Eduardo, El papel de la reclamación de daños y perjuicios en el Derecho de la Competencia Económica en México, México, Tirant lo Blanch, 2019.

BARRERA GRAF, Jorge, Instituciones de Derecho Mercantil. Generalidades. Derecho de la Empresa. Sociedades, Porrúa, México, 2003.

GLUYAS MILLÁN, Ricardo, Prácticas monopólicas absolutas y sistema jurídico, México, INACIPE, 2014.

GONZÁLEZ DE COSSÍO, Francisco, Competencia, México, Porrúa, 2017.

JALIFE DAHER, Mauricio, Competencia desleal. Régimen Jurídico Mexicano, México, Porrúa, 2008.

ORTIZ HIDALGO, Luis (Coord.). Manual ANADE. Obligaciones Jurídicas y Consejos Prácticos para las Empresas, México, ANADE. Colegio de Abogados y Tirant Lo Blanch, 2022.

RAMÍREZ HERNÁNDEZ, Ricardo, Manual de derecho económico, México, Fondo de Cultura Económica, UNAM, Instituto de Investigaciones Jurídicas, 2018.

RAMOS FLORES, Alicia et. al., Teoría Económica, México, Tirant Lo Blanch, 2022.

Normatividad consultada

Legislación.

Constitución Política de los Estados Unidos Mexicanos [en línea], <https://www.diputados.gob.mx/LeyesBiblio/pdf/CPEUM.pdf>, [consulta: 7 de noviembre de 2022].

Ley Federal de Competencia Económica [en línea], <https://www.diputados.gob.mx/LeyesBiblio/pdf/LFCE_200521.pdf>, [consulta: 7 de noviembre de 2022].

Tesis y jurisprudencias

Tesis I.1o.A.E.163 A (10a.), Gaceta del Semanario Judicial de la Federación, Décima Época, Registro digital: 2012165, Libro 32, Julio de 2016, Tomo III.

Tesis I.2o.A.E.66 A (10a.), Gaceta del Semanario Judicial de la Federación, Décima Época, Registro 2019731, Libro 65, Abril de 2019, Tomo III.

Tesis I.1o.A.E.247 A (10a.), Gaceta del Semanario Judicial de la Federación, Décima Época, Registro digital 2018962, Libro 62, Enero de 2019, Tomo IV.

Documentos de Internet

COFECE. Guía de prácticas monopólicas relativas [en línea], <https://www.cofece.mx/wp-content/uploads/2020/10/GuiaPracticasMonopolicasRelativas.pdf> [consulta: 7 de noviembre de 2022]

UNIDAD 6
Concentraciones

IVÁN ADELCHI PEÑA ESTRADA

INTRODUCCIÓN.

En las Unidades anteriores se han analizado diversos aspectos de la competencia económica y su legislación. Nos toca ahora entrar al estudio de un concepto fundamental para el sano desarrollo de una economía, así como de la libre competencia y concurrencia: Las concentraciones. A manera de introducción, la competencia se puede entender como la rivalidad existente entre dos individuos o empresas cuando éstos "luchan" por algo que no todos pueden obtener; dentro de tal dinámica comercial, existen estrategias y alternativas que diversos actores siguen y que ofrecen ciertos retos para las economías, a saber: ¿Qué sucede cuando tales competidores deciden unir esfuerzos? ¿Cuál es el impacto de la unión de firmas o empresarios que no compiten y aun así unen esfuerzos para cubrir diversos sectores o mercados? ¿Cualquier liga o enlace empresarial afectan a la economía? Estas son algunas de preguntas que surgen respecto de un desarrollo económico frenético, que trae consigo cambios y movimientos de las empresas, conglomerados y empresarios alrededor del mundo. La competencia económica y su legislación deben abordar estos desafíos para encontrar un balance entre una dinámica comercial intensa y el impacto que puede tener para la competencia y libre concurrencia.

Es la interacción entre competidores la que permite un desarrollo de mercados y economías, en ocasiones esta relación ofrece retos y fricciones que los estados y sus legislaciones deben intentar resolver. En una economía cada día más intensa y global es frecuente que los diversos esfuerzos empresariales analicen y concreten enlaces y combinaciones de esfuerzos, los mismos pueden tener un impacto en las economías debido a su tamaño y valor, es decir: Las fusiones, sumas o uniones de firmas, empresas y negocios pueden acarrear a tal grado concentraciones de la actividad económica, que las mismas afecten a los procesos de libre competencia y concurrencia, perjudicando a las economías y a los consumidores.

La competencia económica genera un círculo virtuoso que beneficia a los diferentes actores de la sociedad. Ahora bien, esto no siempre ocurre de una forma sana y equilibrada, en más de una ocasión el referido circulo no es así de "virtuoso" y se generan concentraciones o uniones de la actividad económica que, a la larga distorsionan los mercados. Podríamos afirmar que, a mayor concentración de la actividad económica en pocas manos, menor competencia, luego entonces una restricción de las posibilidades para los consumidores; estos tendrán un menor campo de elección para la obtención de bienes y servicios con mejores condiciones de precio y calidad.

Algunos conceptos generales.

Una mayor y sana competencia permite empresas más eficientes, esto genera un círculo que deriva en mayor crecimiento económico y una mejor distribución de la riqueza.

Grados de competencia económica.

En un extremo un mercado funciona en competencia perfecta cuando existen varias empresas ofreciendo productos y servicios similares. En este modelo, si una empresa aumentara el precio de su producto por encima del de los demás, sus clientes comprarían de sus competidores. En este caso, ninguna empresa tiene poder de mercado a grado tal que pueda alterarlo o controlarlo.

En el otro extremo, el monopolio es la forma del mercado en la que existe una sola empresa u oferente que vende un producto o servicio. Para que sea considerado monopolio, además es necesario que no existan otros productos o servicios que, aunque no sean idénticos al ofrecido por el monopolista, pudieran ser sustitutos, tiene un gran Poder Sustancial en el Mercado (Termino que analizaremos adelante).

Entre los dos extremos pudiera existir otra opción, consistente en la presencia de un número restringido de competidores que controlen el mercado o ejerzan un amplio poder (Poder Sustancial), no unidos, pero sí de forma tal que su dominio no ofrezca oportunidad para que en dicho sector existan condiciones para una oferta amplia de bienes y servicios.

En este contexto, para el mundo económico y jurídico un sistema de competencia económica sólido resulta indispensable. Las Concentraciones son un tema de amplio debate tanto en el mundo empresarial como en el jurídico, considero que lo son, por diversas razones: La primera de ellas, es la presencia mundial de enormes conglomerados en diversos ámbitos de la vida económica y que están presentes en el día a día de las personas: *Google; Apple; Amazon; Shell; Walmart; Windows*, etc., etc., pudiéramos ampliar la lista, parece que no es el espacio para tal propósito. En segundo lugar, el dominio que las mismas ejercen en sus respectivos sectores. Un tercer aspecto es la frecuente presencia de fusiones, adquisiciones y uniones, creando conglomerados mundiales que dominan ciertos sectores económicos, tales como: El Automotriz, energético, telecomunicaciones, etc. Esto hace que el mundo de las fusiones y adquisiciones (Mergers & acquisitions), se encuentren en la conversación global: impactan a las economías, negocios y personas de todo el mundo.

6.1 ¿QUÉ ES UNA CONCENTRACIÓN?

Diversos países desde hace décadas han implementado legislaciones donde ser permita contar con normas reguladoras para la competencia comercial: desde el control de las fusiones, adquisiciones e integraciones (Concentraciones), donde dos o más actores unen activos para consolidarse en grupos económicos, hasta la regulación prácticas comerciales verticales y horizontales donde se establecen canales y estrategias para la penetración y acceso de productos en los diferentes mercados. Una de las herramientas jurídicas existentes para evitar distorsiones en los mercados es el control de la acumulación de poder económico determinado, es decir: Contar con un instrumento jurídico sólido que permita por un lado medir el poder económico (Poder sustancial en un Mercado), de determinados actores económicos en un espacio geográfico, su participación y actividad, ya que pueden dominar de tal forma que llegue a controlar un sector, imponiendo las condiciones económicas y precios a los que pueden ofrecerse determinado productos y servicios; por el otro, ejerciendo un control jurídico para evitar que una acumulación de poder cause un daño.

En el párrafo anterior hemos introducido dos conceptos claves dentro de una política de competencia económica en materia de concentraciones: a.- Mercados, y su tamaño (Mercados Relevantes). b.- Participación y poder dentro de los mismos (Poder sustancial). Ambos aspectos resultan cruciales para el derecho de la competencia y en especial para la concentración de cierta actividad económica en algunos agentes o participantes en un mercado o sector económico determinado.

6.1.1.- Concepto.

Podemos definir a una concentración con este concepto doctrinal: *"Una concentración ocurre cuando dos firmas o activos que, habiendo estado separadas, pasan a formar parte de un mismo propietario o controlador"*.[1]

---

[1] González de Cossío Francisco. Competencia. Editorial Porrúa. Ciudad de México 2017. p. 588.

De esta definición podemos destacar varios puntos de sumo interés: En esencia una concentración consiste en la unión de empresas; sociedades, empresarios, o bien activos. Tal unión permite la operación un solo propietario de una cierta actividad que participa en un sector económico. A partir de tal unión o concentración, se tendrá un solo operador o controlador de varios que se unieron.

A continuación, la jurídica contemplada en la Ley federal de Competencia Económica (LFCE) en su capítulo VI, Sección I:

Artículo 61. Para los efectos de esta Ley, se entiende por concentración la fusión, adquisición del control o cualquier acto por virtud del cual se unan sociedades, asociaciones, acciones, partes sociales, fideicomisos o activos en general que se realice entre competidores, proveedores, clientes o cualesquiera otros agentes económicos. La Comisión no autorizará o en su caso investigará y sancionará aquellas concentraciones cuyo objeto o efecto sea disminuir, dañar o impedir la competencia y la libre concurrencia respecto de bienes o servicios iguales, similares o sustancialmente relacionados.[2]

Por su parte la Comisión Federal de Competencia Económica (COFECE), nos proporciona una definición práctica y concreta de una concentración:

Una concentración se da cuando empresas o agentes económicos se fusionan, adquieren parte(s) de otra(s), se asocian o realizan cualquier operación que las une. Cuando esta rebasa ciertos umbrales (montos límite de una transacción), debe notificarse a la COFECE para que evalúe su impacto en las condiciones del mercado y verifique que no pondrá en riesgo la competencia y libre concurrencia. Derivado de este análisis, la COFECE está facultada para autorizarlas, condicionarlas o no autorizarlas.[3]

---

2 Ley Federal de Competencia Económica. Publicada en el Diario Oficial de la Federación el día 23 de mayo del año 2014.

3 Comisión Federal de Competencia Económica [en línea] <https://www.cofece.mx/conocenos/secretaria-tecnica-2/concentraciones/> [consulta: 27 de diciembre de 2022]

La Organización para la Cooperación y el Desarrollo Económicos (OCDE) nos ofrece un marco de referencia para el cuidado en evitar que a través de concentraciones se evite una competencia fluida y suficiente:

"La limitación del número de proveedores genera un riesgo de creación de poder de mercado y de reducción de la rivalidad competitiva. Al reducirse el número de proveedores, aumenta la posibilidad de cooperación (o colusión) entre ellos, incrementándose así la capacidad de cada proveedor de elevar los precios. La reducción resultante en la rivalidad puede reducir los incentivos de satisfacer la demanda del consumidor con eficacia y puede reducir la eficiencia económica a largo plazo. Aunque existen algunas razones de política sensatas por las que los diseñadores pueden buscar limitar el número o la gama de proveedores, como se comentará más adelante, los beneficios de limitar la entrada de participantes deben de ser ponderados contra el hecho de que facilitar la entrada de nuevos proveedores puede contribuir a impedir que los ya existentes ejerzan su poder de mercado. El poder de mercado lleva a mayores precios, menor calidad y menos innovación". [4]

Con estas definiciones considero que podremos caminar en esta Unidad que amablemente me ha sido asignada.

6.1.2.- Elementos.

De las definiciones y conceptos anteriores, tanto la doctrinal como la jurídica, podemos destacar varios elementos aplicables a una concentración o unión de empresas, firmas o activos (De aquí en adelante referidas como "Concentración"), desde el punto de vista del derecho de la competencia:

---

4 Organización para para la Cooperación y el Desarrollo Económicos. *Herramientas para la Evaluación de la Competencia,* [en línea] <https://www.oecd.org/daf/competition/98765432.pdf> [consulta: 26 de diciembre de 2022]

a.- Es la unión de sociedades, empresas, empresarios y en general personas que participan en un mercado.

Un elemento relevante de una Concentración es la identificación de esta, como un posible acto con una consecuencia económico-jurídica.

Diversos países desde hace décadas han implementado legislaciones donde ser permita contar con normas reguladoras para la competencia comercial y las concentraciones: el control de las fusiones, adquisiciones e integraciones donde dos o más actores unen activos para consolidarse en grupos económicos de dimensiones considerables. La política de competencia debería garantizar que los mercados no se restrinjan a través de dichas uniones, de tal forma que resulte perjudicial para la sociedad.

b.- Una concentración no está restringida a alguna determinada estructura jurídica o de negocios, es la unión o conjunción que adopta cualquier forma. Esto resulta relevante ya que para contar con una idea clara de una concentración se debe partir del hecho que la misma se puede dar y adoptar bajo cualquier estructura jurídica o de negocios, lo que es relevante e importa es su impacto en la economía de un país, no su estructura jurídica. Nuestra Ley, por ejemplo, establece que una Concentración puede adoptar las figuras de: "*fusión, adquisición del control o cualquier acto por virtud del cual se unan sociedades, asociaciones, acciones, partes sociales, fideicomisos o activos en general que se realice entre competidores, proveedores, clientes o cualesquiera otros agentes económicos*". No se restringe a determinado patrón o estructura; puede ser cualquiera, siempre y cuando la misma implique la conjunción de esfuerzos, firmas o activos.

c.- Importa el tamaño de la unión de esfuerzos o activos, su dimensión y por ende su posible impacto en determinado sector de una economía, el poder que se ejercerá en un mercado (Poder Sustancial y Mercado Relevante)[5]. Este tercer elemento también cobra relevancia ya que la existencia de una concentración, como tal, no implica un daño a la economía ni perjudica la libre competencia y concurrencia; es su dimensión, valor, tamaño y Poder Sustancial lo que pudiera afectar y por ende las disposiciones jurídicas se deben activar para analizar y, en su caso, restringir o prohibir tal conjunción denominada Concentración.

d.- Es necesario un análisis económico respecto de los riesgos y beneficios que puede traer consigo una concentración dentro de cierta economía y mercado.

Considero que los cuatro elementos anteriormente descritos son los que integran el concepto del Concentración, a saber: a.- Unión o conjunción de empresarios, firmas, activos y en general agentes participantes en cierta actividad económica. b.- La unión puede adoptar cualquier estructura jurídica o de negocios. c.- Su dimensión, tamaño o valor pueden afectar a un mercado determinado, por lo que el análisis económico y financiero de la misma son indispensables. d.- Es preciso un análisis económico y financiero de los impactos que puede tener en un mercado específico.

La unión de las ciencias económica y jurídica son la esencia del derecho de la competencia económica y esto cobra especial relevancia en materia de Concentraciones. Un análisis integral del impacto de una Concentración en determinado sector y mercado incluirá el estudio económico, financiero y jurídico de la unión de agentes económicos que se plantee. Más adelan-

---

5 Mercado Relevante: espacio o sector específico donde participan agentes económicos.
Poder sustancial: Participación en un mercado por una Agente Económico y si se puede fijar precios o restringir el abasto en el mercado relevante por sí mismo, sin que otros agentes competidores puedan, actual o potencialmente, contrarrestar dicho poder.

te entraremos al detalle de esta afirmación, por ahora dejo una reflexión: La disciplina del derecho de la competencia obliga a una interacción entre la Economía, las Finanzas y el Derecho como una actividad interdisciplinaria por definición.

6.1.3.- Tipos de concentraciones.

Básicamente existen dos tipos de Concentraciones o uniones entre firmas, agentes económicos empresarios o bien activos, se conciben estas variantes de concentraciones atendiendo a la forma en que se integran diversos agentes en uno o varios mercados, es decir: Por tipo de Concentración o unión se debería entender la manera y estructura de negocios a través de la cual se lleva a cabo una suma de esfuerzos empresariales, un encadenamiento de negocios que implican una Concentración, a saber son los siguientes:

6.1.3.1.- Concentraciones horizontales[6].

Quizá resulten las más complejas de analizar y por ende donde puedan existir mayores impactos a la competencia, antes de un análisis más detallado, me atrevo a proporcionar un concepto:

Si parto de la definición de concentración contenida en la LFCE, tendré que una Concentración horizontal es la unión, fusión, adquisición del control de un competidor, de otro. Es decir: Cuando por virtud de cualquier acto jurídico un competidor se une con otro. Es horizontal ya que el conjunto de Agentes que se unan participa en un mismo mercado y zona. Como resultado se unen; existirá un competidor menos.

---

6 Op., cit, GONZÁLEZ DE COSSÍO Francisco. Competencia, pp. 603, 604 y 605.

Este tipo de Concentración es la que ofrece mayores riesgos a la competencia y libre concurrencia, ya que por virtud de esta se pueden ocasionar.

Fusiones horizontales: Son operaciones de concentración entre competidores actuales o potenciales. Por ejemplo, una fusión entre dos laboratorios farmacéuticos; o la compra de un supermercado del local de otro supermercado.[7]

Ejemplo: Dos competidores fabricantes de baterías para autos en México se unen: Fusionan a dos sociedades mercantiles que participan en México en el mismo mercado (Fabricación de baterías para automóviles): a.- Mismo mercado. b.- Dos competidores. La fusión de ambas sociedades ocasiona de forma automática que una de ellas ya no participe en el mercado y que la unión traiga como consecuencia que ésta tenga una mayor participación en el mercado de baterías para autos.

6.1.3.2.- Concentraciones no horizontales.

Aquellas que no son entre competidores entre sí, en un mismo mercado o sector y que pueden ser de dos tipos: Estrictamente verticales cuando un Agente se une con otro no competidor y que por tal virtud integra en su grupo económico a un Agente que no participa en su mercado.

Fusiones verticales:

Son operaciones de concentración entre agentes económicos que se encuentran en distintos eslabones de una misma cadena productiva. Por ejemplo, si el proveedor de un insumo se integra con uno de sus clientes actuales o potenciales. Así, si una empresa que fabrica cemento se integra

---

7 Fusiones Horizontales. Centro de la Competencia [en línea] <https://centrocompetencia.com/fusiones/#:~:text=2.1.Fusiones%20horizontales,del%20local%20de%20otro%20supermercado> [Consulta: 27 de diciembre de 2022]

con una empresa de hormigón, o un fabricante de tecnología con un desarrollador de softwares, estaremos en presencia de una fusión vertical.[8]

Ejemplo: Un fabricante de baterías para automóviles adquiere todos los activos y operación de un fabricante de uno de los insumos para las baterías (El plástico que las integra). Por virtud de la fusión en fabricante de baterías consigue sustituir a sus proveedores de plástico y con la adquisición de uno de ellos logra integrar en su mismo grupo económico a uno de sus proveedores.

6.2.- NOTIFICACIÓN DE UNA CONCENTRACIÓN.

Antes de entrar al análisis de la obligación jurídica de notificar una Concentración es necesario recordar que estas figuras forman parte de la legislación mexicana en materia de competencia económica, En México, el fundamento jurídico de la política de competencia, incluyendo las Concentraciones, se encuentra en el artículo 28 de la Constitución Política de los Estados Unidos Mexicanos (CPEUM), donde se establece la autonomía de la Comisión Federal de Competencia Económica y del Instituto Federal de Telecomunicaciones (IFT) como las instituciones encargadas de garantizar la libre competencia y concurrencia, así como prevenir y combatir los monopolios, las prácticas monopólicas, ***las concentraciones*** y demás restricciones al funcionamiento eficiente de los mercados. De la CPEUM se desprende la Ley Federal de Competencia Económica y a partir de ésta -y con base en su autonomía- la Comisión Federal de Competencia Económica (COFECE), ha generado regulación secundaria para regir sus actuaciones. Ejemplo de

8 Centro de la Competencia, *Fusiones verticales* [en línea] <https://centrocompetencia.com/fusiones/#:~:text=2.1.Fusiones%20horizontales,del%20local%20de%20otro%20supermercado> [consulta: 27 de diciembre de 2022]

esto son las disposiciones regulatorias, su estatuto orgánico y las guías y criterios que ha emitido en los últimos años.

Dentro de las facultades de la COFECE se encuentra la de perseguir y evitar concentraciones ilícitas, así lo establece su Artículo 2:

Artículo 2. Esta Ley tiene por objeto promover, proteger y garantizar la libre concurrencia y la competencia económica, así como prevenir, investigar, combatir, perseguir con eficacia, castigar severamente y eliminar los monopolios, las prácticas monopólicas, las concentraciones ilícitas, las barreras a la libre concurrencia y la competencia económica, y demás restricciones al funcionamiento eficiente de los mercados.

Con claridad la LFCE mandata que se deben prevenir, investigar, combatir, perseguir, castigar severamente u eliminar concentraciones ilícitas, por lo que se hace necesario saber cuáles son estas, luego entonces existe la facultad de revisar cuales son notificables para su análisis por parte de la COFECE.

Por su parte el Artículo 10 de la LFCE dota de facultades para la revisión, aprobación o en su caso, restricción o prohibición de Concentraciones:

Artículo 10. La Comisión es un órgano autónomo, con personalidad jurídica y patrimonio propio, independiente en sus decisiones y funcionamiento, profesional en su desempeño, imparcial en sus actuaciones y ejercerá su presupuesto de forma autónoma, misma que tiene por objeto garantizar la libre concurrencia y competencia económica, así como prevenir, investigar y combatir los monopolios, las prácticas monopólicas, las concentraciones y demás restricciones al funcionamiento eficiente de los mercados.

Hemos señalado que ciertas uniones empresariales pudieran afectar los procesos de libre competencia y concurrencia, por ello las políticas de competencia económica deben encaminarse al análisis de tales esquemas y su posible impacto negativo para la economía, es por ello que la LFCE incluye dentro de su contenido un capítulo respecto de las prácticas anticompetitivas incluyendo a Concentraciones que se pudieran considerar ilegales, así lo establece:

> LIBRO SEGUNDO
> DE LAS CONDUCTAS ANTICOMPETITIVAS
> TÍTULO ÚNICO
> DE LAS CONDUCTAS ANTICOMPETITIVAS
>
> Capítulo I De la Prohibición de Conductas Anticompetitivas.
>
> Artículo 52. Están prohibidos los monopolios, las prácticas monopólicas, las concentraciones ilícitas y las barreras que, en términos de esta Ley, disminuyan, dañen, impidan o condicionen de cualquier forma la libre concurrencia o la competencia económica en la producción, procesamiento, distribución o comercialización de bienes o servicios.

Es aquí donde queda establecida la prohibición por parte de la legislación en materia de competencia de las concentraciones ilícitas, por su posible daño o condicionamiento a la libre competencia y concurrencia económicas.

Ahora bien, el régimen jurídico mexicano en materia de competencia económica establece la obligación de notificar ciertas Concentraciones, partiendo de la base de la definición jurídica de esta figura, y determinado que se trata de una Concentración en términos del Artículo 61 de la LFCE, existen diversos casos en los que se debe notificar una Concentración para su análisis y, en su caso, aprobación por parte de la COFECE, a continuación se cita los supuestos previstos para su análisis posterior:

Artículo 86 de la LFCE:

> Cuando el acto o sucesión de actos que les den origen, independientemente del lugar de su celebración, importen en el territorio nacional, directa o indirectamente, un monto superior al equivalente a dieciocho millones de veces el salario mínimo general diario vigente para el Distrito Federal;
>
> Cuando el acto o sucesión de actos que les den origen, impliquen la acumulación del treinta y cinco por ciento o más de los activos

> o acciones de un Agente Económico, cuyas ventas anuales originadas en el territorio nacional o activos en el territorio nacional importen más del equivalente a dieciocho millones de veces el salario mínimo general diario vigente para el Distrito Federal, o
>
> Cuando el acto o sucesión de actos que les den origen impliquen una acumulación en el territorio nacional de activos o capital social superior al equivalente a ocho millones cuatrocientas mil veces el salario mínimo general diario vigente para el Distrito Federal y en la concentración participen dos o más Agentes Económicos cuyas ventas anuales originadas en el territorio nacional o activos en el territorio nacional conjunta o separadamente, importen más de cuarenta y ocho millones de veces el salario mínimo general diario vigente para el Distrito Federal.

Estas son las Concentraciones cuya ejecución depende del análisis y aprobación previa por parte de la COFECE, donde, en caso de llevarse a cabo por cualquier medio, sin su aprobación, la conducta será sancionada en términos de la LFCE***; En resumen:*** Si existirá (Si se celebrará), un acto jurídico de los contemplados en el Artículo 61 de la LFCE, y tal acto cae en los supuestos de las Fracciones I, II o II del Artículo 86, la transacción debe notificarse previamente. A continuación, un análisis de cada uno de los casos en el que la Concentración respectiva requiere, por mandato de ley, ser previamente notificada a la COFECE:

La fracción I del Artículo 86.- Cuando el monto de la transacción sea superior a 18 millones de veces la Unidad de Medida de Actualización, es decir el equivalente a $ 1,867,320,000.00 pesos, tomado en cuenta el valor de tal UMA es $103.74 pesos para este año 2023[9].

En este caso se mide una Concentración por su valor (Monto) en México; en consecuencia, debe notificarse.

---

9 Instituto Nacional de Estadística y Geografía [en línea] <https://www.inegi.org.mx/contenidos/saladeprensa/boletines/2023/UMA/UMA2023.pdfValor> [consulta:]

La fracción II del Artículo 86.- Cuando la transacción implique la acumulación del 35% o más de los activos o acciones de un Agente Económico, cuyas ventas o activos en México sean de más de 18 millones de veces la Unidad de Medida de Actualización, es decir el equivalente a $ 1,867,320,00.00 pesos, tomado en cuenta el valor de tal UMA $103.74 pesos para este año 2023.

En este caso la transacción (Concentración), se mide por el valor porcentual de lo que se acumula en el 35% o más de los activos o acciones de un Agente Económico, cuando las ventas que tenga el Agente económico tengan cierto valor o sus ventas lleguen al umbral señalado en UMAS: $ 1,867,320,000.00 pesos, tomado en cuenta el valor de tal UMA es $103.74 pesos para este año 2023

La Fracción III del Artículo 86.- Cuando la transacción implique la acumulación de activos o capital social superior a 8 millones 400 mil UMA (8,714,160,000.00 pesos) y al mismo tiempo las ventas anuales o activos de los Agentes Económicos en forma conjunta importen más de 48 millones de UMA ($4,979,520,000.00 pesos).

En esta Fracción se mide una transacción (Concentración) por el valor de la combinación de capital social o activos, junto con el monto de ventas o valor de activos de un agente económico. [10]

6.2.2 Momento de notificación de la Concentración.

La LFCE es muy clara en que la notificación si se cae en los supuestos del Artículo 86 debe ser previa a la celebración de cualquier acto jurídico. En concreto el artículo 87 establece lo siguiente:

---

10 COFECE, *Concentraciones* [en línea] <https://www.cofece.mx/concentraciones-2/?option=com_content&view=article&layout=cofece:articulo&id=299&Itemid=374> [consulta: 26 de diciembre de 2022]

Artículo 87. Los Agentes Económicos deben obtener la autorización para realizar la concentración a que se refiere el artículo anterior antes de que suceda cualquiera de los siguientes supuestos:

El acto jurídico se perfeccione de conformidad con la legislación aplicable o, en su caso, se cumpla la condición suspensiva a la que esté sujeto dicho acto;

Se adquiera o se ejerza directa o indirectamente el control de hecho o de derecho sobre otro Agente Económico, o se adquieran de hecho o de derecho activos, participación en fideicomisos, partes sociales o acciones de otro Agente Económico;

Se lleve al cabo la firma de un convenio de fusión entre los Agentes Económicos involucrados, o

Tratándose de una sucesión de actos, se perfeccione el último de ellos, por virtud del cual se rebasen los montos establecidos en el artículo anterior.

Las concentraciones derivadas de actos jurídicos realizados en el extranjero deberán notificarse antes de que surtan efectos jurídicos o materiales en territorio nacional.

Enfáticamente la LFCE establece que, en todos los casos, la notificación es previa a la celebración de los actos o bien la adquisición de hecho o de derecho de activos o el ejercicio de derechos directa o indirectamente. Existen ciertas excepciones en las que no se debe notificar la Concentración, tales como: Restructuras corporativas.

6.2.3.- Procedimiento de notificación.

En este punto a continuación algunos comentarios y sugerencias prácticas al respecto:

La mecánica de análisis jurídico de una posible concentración debería ser la siguiente:

Analizar y determinar si una transacción cae en la definición de Concentración contenida en la LFCE (Artículo 61).

Determinar si económica, financiera y jurídicamente la Concentración está dentro de los supuestos de las tres fracciones del Artículo 86 de la LFCE.

Analizar si no se está ante un caso de excepción de notificación (Art. 93 de la LFCE).

No llevar a cabo ningún acto jurídico previo a la aprobación de COFECE o bien que uno celebrado en el extranjero pueda tener efectos en México.

Analizar la conveniencia de realizar una notificación voluntaria de manera preventiva.

Hecho lo anterior llega en momento de notificar la posible concentración, para lo cual se debe presentar lo siguiente:

> Nombre, denominación o razón social de los Agentes Económicos que notifican la concentración y de aquéllos que participan en ella directa e indirectamente;
>
> II. En su caso, nombre del representante legal y el documento o instrumento que contenga las facultades de representación de conformidad con las formalidades establecidas en la legislación aplicable. Nombre del representante común y domicilio para oír y recibir notificaciones y personas autorizadas, así como los datos que permitan su pronta localización;
>
> III. Descripción de la concentración, tipo de operación y proyecto del acto jurídico de que se trate, así como proyecto de las cláusulas por virtud de las cuales se obligan a no competir en caso de existir y las razones por las que se estipulan;
>
> I. Documentación e información que expliquen el objetivo y motivo de la concentración;
>
> V La escritura constitutiva y sus reformas o compulsa, en su caso, de los estatutos de los Agentes Económicos involucrados;

Los estados financieros del ejercicio inmediato anterior de los Agentes Económicos involucrados;

Descripción de la estructura del capital social de los Agentes Económicos involucrados en la concentración, sean sociedades mexicanas o extranjeras, identificando la participación de cada socio o accionista directo e indirecto, antes y después de la concentración, y de las personas que tienen y tendrán el control;

. Mención sobre los Agentes Económicos involucrados en la transacción que tengan directa o indirectamente participación en el capital social, en la administración o en cualquier actividad de otros Agentes Económicos que produzcan o comercialicen bienes o servicios iguales, similares o sustancialmente relacionados con los bienes o servicios de los Agentes Económicos participantes en la concentración;

Datos de la participación en el mercado de los Agentes Económicos involucrados y de sus competidores;

Localización de las plantas o establecimientos de los Agentes Económicos involucrados, la ubicación de sus principales centros de distribución y la relación que éstos guarden con dichos Agentes Económicos;

XI. Descripción de los principales bienes o servicios que produce u ofrece cada Agente Económico involucrado, precisando su uso en el mercado relevante y una lista de los bienes o servicios similares y de los principales Agentes Económicos que los produzcan, distribuyan comercialicen en el territorio nacional, y

Los demás elementos que estimen pertinentes los Agentes Económicos que notifican la concentración para el análisis de esta.

Notificada la posible concentración, la COFECE la analizará y podrá prevenir; solicitar información adicional al agente económico que notificó; "*a otros Agentes Económicos relacionados con la concentración, así como a cualquier persona, incluyendo los notificantes y cualquier Autoridad los informes y documentos que estime relevantes para realizar el análisis de las concentraciones, sin que ello signifique que les dé el carácter de parte en el procedimiento".*

Es común que la COFECE requiera información de empresas y en general Agentes Económicos que no están involucrados en la transacción pero que participan en el mercado o mercados correspondientes a la transacción (Concentración), para allegarse de información respecto de la operación en su conjunto y del mercado.

La política de competencia económica de México y con base en ella el sustento tanto Constitucional como legal, dota a la COFECE plenas facultades para analizar y en su caso resolver lo considere pertinente en materia de una Concentración, esto es, la COFECE como un organismo constitucional autónomo puede: "*Autorizar, objetar o sujetar la autorización de la concentración al cumplimiento de condiciones destinadas a la prevención de posibles efectos contrarios a la libre concurrencia y al proceso de competencia que pudieran derivar de la concentración notificada*"[11]. Es decir: Puede autorizar lisa y llanamente una Concentración, negarla o bien condicionar la misma a ciertos ajustes o cambios, por ejemplo: Restringirla solo a ciertos portafolios de productos evitando la Concentración de un total de cierto portafolio. Requerir la venta de ciertos activos o líneas de productos para evitar la Concentración en ciertas líneas o actividades restringiendo otras, etc.

Existe un instrumento jurídico emitido por la COFECE denominado Disposiciones Regulatorias de la Ley Federal de Competencia Económica, publicado en el Diario Oficial de la Federación, 10 de noviembre del año 2014 con una última Reforma el día 1 de agosto del 2019[12]. Está emitido por COFECE su Ca-

---

11 Art. 89 de la LFCE.

12 Disposiciones Regulatorias de la Ley Federal de Competencia Económica. COFECE, [en línea] <https://www.cofece.mx/wp-content/uploads/2019/08/19.08.01-Disposiciones-Regulatorias-de-la-LFCE-ultima-reforma.pdf> [consulta: 4 de enero del 2023]

pítulo III regula las Concentraciones contempladas en la LFCE, este Capítulo establece diversas disposiciones en esta materia tales como criterios para justificar las ganancias de eficiencia que podrían sustentar una Concentración; obtención de ahorros; transferencia de tecnología; criterios para el establecimiento de condiciones suspensivas; precisiones en cuanto los documentos a ser presentados y el procedimiento de notificación.

Otro instrumento de gran relevancia emitido por la COFECE para realizar notificaciones y seguir el procedimiento respectivo, se denomina a Guía para la Notificación de Concentraciones, la cual fue publicada en Diario Oficial de la Federación el día 31 de marzo del 2020[13], no es vinculante y emite criterios técnicos para el análisis de Concentraciones. Esta guía toca diversos temas, tales como: Transacciones notificables; Acuerdos de colaboración; adquisiciones de activos; cálculo de umbrales de notificación; fideicomisos; notificaciones obligatorias y voluntarias; excepciones; situación precaria de empresas; confidencialidad de la información; información para análisis económico; descripción de productos y mercados; competidores; objetivos de la Concentración; eficiencias; participación en el mercado; clientes y consumidores; capacidad productiva; distribución y canales; precios; costos; barreras de entrada, etc.

6.3.- CONCENTRACIONES ILÍCITAS.

Como se ha señalado durante el desarrollo de esta Unidad, la política de competencia económica de México y en consecuencia su legislación tienen por objeto evitar daños en la economía y mercados, el control de las Concentraciones re-

---

13 COFECE, *Guía para la Notificación de Concentraciones,* [en línea] <https://www.cofece.mx/wp-content/uploads/2021/06/GUIA-CON_2021.pdf> [consulta: 3 de enero del 2023]

sulta vital, por lo que la LFCE establece como una conducta anticompetitiva, aquellas Concentraciones Ilícitas que: "*disminuyan, dañen, impidan o condicionen de cualquier forma la libre concurrencia o la competencia económica en la producción, procesamiento, distribución o comercialización de bienes o servicios*".[14]

6.3.1.- Concepto.

La propia LFCE ofrece un concepto de lo que puede considerarse como una Concentración Ilícita, como sigue: Art 61 "*La Comisión no autorizará o en su caso investigará y sancionará aquellas concentraciones cuyo objeto o efecto sea disminuir, dañar o impedir la competencia y la libre concurrencia respecto de bienes o servicios iguales, similares o sustancialmente relacionados*".

Por su parte, el Art. 62 establece: "*Se consideran ilícitas aquellas concentraciones que tengan por objeto o efecto obstaculizar, disminuir, dañar o impedir la libre concurrencia o la competencia económica*".

Pudiéramos señalar que una Concentración Ilícita es aquella que previo su análisis y estudio y escuchando al Agente Económico involucrado, ofrecidas pruebas y documentos, así como recabada la información correspondiente del mercado relevante, se determine que la misma daña el proceso de competencia y libre concurrencia, que la obstaculiza; Que impide la participación en el mercado de competidores afectando a los consumidores.

6.3.2 Elementos.

Para la determinación que una Concentración pudiera considerarse como ilícita existen diversos elementos a tomarse en cuenta, desde el punto de vista económico, financiero y jurídi-

---

14 Ley Federal de Competencia Económica, artículo 52.

co, tales como: El Mercado Relevante en el que participen los agentes económicos involucrados; el Poder Sustancial de los mismos en él; las posibles eficiencias que se pudieran encontrar. Ahora bien, la propia LFCE (Art. 64), contiene una disposición que da el marco para la determinación de la posible existencia de una Concentración Ilícita y por ende la posibilidad de su prohibición, tal marco considera los siguientes factores: La Concentración pueda dar o aumentar el Poder Sustancial de un Agente Económico; Se establezca una Barrera de Entrada[15]; Pueda facilitar a los participantes la comisión de conduzcas prohibidas, incluyendo, prácticas monopólicas.

6.3.3.- Sanciones.

La Comisión podrá aplicar las siguientes sanciones (Art. 127 de la LFCE):

I. Ordenar la corrección o supresión de la práctica monopólica o concentración ilícita de que se trate.

II. Ordenar la desconcentración parcial o total de una concentración ilícita en términos de esta Ley, la terminación del control o la supresión de los actos, según corresponda, sin perjuicio de la multa que en su caso proceda;

III. Multa hasta por el equivalente a ciento setenta y cinco mil veces el salario mínimo general diario vigente para la Ciudad de México (UMA), por haber declarado falsamente

---

15 Barrera de Entrada. - Barreras a la Competencia y la Libre Concurrencia: Cualquier característica estructural del mercado, hecho o acto de los Agentes Económicos que tenga por objeto o efecto impedir el acceso de competidores o limitar su capacidad para competir en los mercados; que impidan o distorsionen el proceso de competencia y libre concurrencia, así como las disposiciones jurídicas emitidas por cualquier orden de gobierno que indebidamente impidan o distorsionen el proceso de competencia y libre concurrencia;

o entregada información falsa a la COFECE, con independencia de la responsabilidad penal en que se incurra;

VII. Multa hasta por el equivalente al ocho por ciento de los ingresos del Agente Económico, por haber incurrido en una concentración ilícita en términos de esta Ley, con independencia de la responsabilidad civil en que se incurra;

VIII. Multa de cinco mil salarios mínimos (UMA) y hasta por el equivalente al cinco por ciento de los ingresos del Agente Económico, por no haber notificado la concentración cuando legalmente debió hacerse;

IX. Multa hasta por el equivalente al diez por ciento de los ingresos del Agente Económico, por haber incumplido con las condiciones fijadas en la resolución de una concentración, sin perjuicio de ordenar la desconcentración;

X. Inhabilitación para ejercer como consejero, administrador, director, gerente, directivo, ejecutivo, agente, representante o apoderado en una persona moral hasta por un plazo de cinco años y multas hasta por el equivalente a doscientas mil veces el salario mínimo general diario vigente para la Ciudad de México, a quienes participen directa o indirectamente en prácticas monopólicas o concentraciones ilícitas, en representación o por cuenta y orden de personas morales;

XI. Multas hasta por el equivalente a ciento ochenta mil veces el salario mínimo general diario vigente (UMA) para la Ciudad de México, a quienes hayan coadyuvado, propiciado o inducido en la comisión de prácticas monopólicas, concentraciones ilícitas o demás restricciones al funcionamiento eficiente de los mercados en términos de esta Ley;

XIII. Multas hasta por el equivalente a ciento ochenta mil veces el salario mínimo general diario vigente (UMA) para la Ciudad de México, a los fedatarios públicos que intervengan en los actos relativos a una concentración cuando no hubiera sido autorizada por la Comisión.

Así mismo existe una importante sanción denominada desincorporación de activos, en el caso de reincidencia en materia de Concentraciones ilícitas, la misma se define como:

> De la Sanción de Desincorporación
>
> Artículo 131. Cuando la infracción sea cometida por quien haya sido sancionado previamente por la realización de prácticas monopólicas o concentraciones ilícitas, la Comisión considerará los elementos a que hace referencia el artículo 130 de esta Ley y en lugar de la sanción que corresponda, podrá resolver la desincorporación o enajenación de activos, derechos, partes sociales o acciones de los Agentes Económicos, en las porciones necesarias para eliminar efectos anticompetitivos.

Fuentes de Consulta.

Bibliografía.

González de Cossío Francisco. Competencia. Editorial Porrúa. Ciudad de México 2017.

Legislación.

Ley Federal de Competencia Económica

Electrónicas

Centro de la Competencia, *Fusiones verticales* [en línea] <https://centrocompetencia.com/fusiones/#:~:text=2.1.Fusiones%20horizontales,del%20local%20de%20otro%20supermercado> [consulta: 27 de diciembre de 2022]

COFECE, *Concentraciones* [en línea] <https://www.cofece.mx/concentraciones-2/?option=com_content&view=article&layout=cofece:articulo&id=299&Itemid=374> [consulta: 26 de diciembre de 2022]

COFECE, *Guía para la Notificación de Concentraciones,* [en línea] <https://www.cofece.mx/wp-content/uploads/2021/06/GUIACON_2021.pdf> [consulta: 3 de enero del 2023]

Comisión Federal de Competencia Económica [en línea] <https://www.cofece.mx/conocenos/secretaria-tecnica-2/concentraciones/> [consulta: 27 de diciembre de 2022]

Disposiciones Regulatorias de la Ley Federal de Competencia Económica. COFECE, [en línea] <https://www.cofece.mx/wp-content/uploads/2019/08/19.08.01-Disposiciones-Regulatorias-de-la-LFCE-ultima-reforma.pdf> [consulta: 4 de enero del 2023]

Fusiones Horizontales. Centro de la Competencia [en línea] <https://centrocompetencia.com/fusiones/#:~:text=2.1.Fusiones%20horizontales,del%20local%20de%20otro%20supermercado> [Consulta: 27 de diciembre de 2022]

INEGI, [en línea] https://www.inegi.org.mx/contenidos/saladeprensa/boletines/2023/UMA/UMA2023.pdfValor

Organización para para la Cooperación y el Desarrollo Económicos. *Herramientas para la Evaluación de la Competencia,* [en línea] <https://www.oecd.org/daf/competition/98765432.pdf> [consulta: 26 de diciembre de 2022]

UNIDAD 7
Procedimientos

GUSTAVO SANTILLA MENESES

7.1 LA INVESTIGACIÓN

7.1.1 Inicio

En materia de competencia económica, se encuentra regulada mediante la Ley Federal de Competencia Económica donde se estipula que se dará inicio a una investigación de cinco formas: de oficio, a solicitud del Ejecutivo Federal, por sí o por conducto de la Secretaría, por sí o por conducto de la Procuraduría y a petición de la parte; cabe resaltar que se le dará preferencia a las solicitudes emitidas por el Ejecutivo Federal, la Secretaría y la Procuraduría.

Estas peticiones serán atendidas por la Autoridad Investigadora[1] siempre y cuando las denuncias presentadas comprendan temas de violaciones a la Ley en materia de prácticas monopólicas absolutas, prácticas monopólicas relativas o concentraciones ilícitas.

Siguiendo este punto, la denuncia presentada debe contar con los siguientes elementos:

Nombre, denominación o razón social del denunciante.

---

[1] La Autoridad Investigadora es el órgano de la Comisión encargado de desahogar la etapa de investigación y es parte en el procedimiento seguido en forma de juicio. En el ejercicio de sus atribuciones, la Autoridad Investigadora estará dotada de autonomía técnica y de gestión para decidir sobre su funcionamiento y resoluciones.

Nombre del representante legal en su caso, y documento idóneo con el que acredite su personalidad, domicilio para oír y recibir notificaciones y personas autorizadas, así como teléfonos, correo electrónico u otros datos que permitan su localización

Nombre, denominación o razón social, y en caso de conocerlo, el domicilio del denunciado.

Descripción sucinta de los hechos que motivan la denuncia.

En el caso de prácticas monopólicas relativas o concentraciones ilícitas, descripción de los principales bienes o servicios involucrados, precisando su uso en el mercado, y en caso de conocerlo, la lista de los bienes y servicios ilegales, similares o sustancialmente relacionados del denunciado y de los principales Agentes Económicos[2] que los procesen, produzcan, distribuyan o comercialicen en el territorio nacional.

Listado de los documentos y los medios de convicción que acompañen a su denuncia, relacionados de manera precisa con los hechos denunciados.

Los demás elementos que el denunciante estime pertinentes, y en caso de no tenerlos a su disposición, indicar el lugar o archivo en el que se encuentren, para que se provea conducente durante la investigación.

Por consiguiente, después de la presentación de la denuncia, la Autoridad Investigadora realizará un análisis y dentro de un plazo de 15 días, por medio de la oficialía de partes, deberá dictar un acuerdo, donde se debe indicar lo siguiente:

Se ordenará el inicio de la investigación.

---

2 Toda persona física o moral, con o sin fines de lucro, dependencias y entidades de la administración pública federal, estatal o municipal, asociaciones, cámaras empresariales, agrupaciones de profesionistas, fideicomisos, o cualquier otra forma de participación en la actividad económica.

Se desechará la denuncia, parcial, o totalmente por ser improcedente.

Cabe resaltar, que se considerará por improcedente cuando los hechos denunciados no establecen violaciones a la Ley Federal de Competencia Económica; cuando sea notorio que el o los Agentes Económicos involucrados no tienen poder sustancial en el mercado relevante, en el caso de denuncias por prácticas monopólicas relativas o concentraciones ilícitas; cuando el Agente Económico denunciado y los hechos y condiciones en el mercado relevante que se indiquen, hayan sido materia de una resolución previa en términos de los artículos 83, 90 y 92 de la Ley de Competencia Económica, exceptos en los casos de información falsa o incumplimiento de condiciones previstas en la propia resolución; cuando esté pendiente un procedimiento ante la Comisión referente a los mismos hechos y condiciones en el mercado relevante, después de realizado el emplazamiento al Agente Económico probable responsable y; cuando los hechos denunciados se refieran a una concentración notificada en términos del artículo 86, que no haya sido resulta por la Comisión, sin embargo, los Agentes Económicos pueden coadyuvar con la Comisión al presentar datos y documentos que consideren pertinentes para que éstos sean tomados en consideración al emitir su resolución. El denunciante no tendrá acceso a la documentación relativa a dicha concentración ni puede impugnar el procedimiento, sin embargo, se le debe notificar el acuerdo que tenga por glosada la información al expediente de concentración.

Se prevé por única ocasión al denunciante, cuando en su escrito se omitan los requisitos previstos en la Ley Federal de Competencia Económica o en las Disposiciones Regulatorias, para que la aclare o complete dentro de un plazo no mayor a 15 días, mismo que la Autoridad Investigadora podrá ampliar por un término igual, en casos debidamente justificados. Desahogada la prevención, se deberá dictar dentro de los 15 días siguientes, el acuerdo que corresponda. Transcurrido el plazo sin que se desahogue la prevención o sin que se cumplan con los requisitos señalados en la Ley Federal de Competencia Económica para el escrito de denuncia, se tendrá por no presentada la denuncia. El acuerdo de la Autoridad Investigadora que tenga por no presentada la denuncia se deberá notificar al denunciante dentro de los quince días siguientes a aquél en que haya vencido el plazo para el desahogo de la prevención, sin perjuicio de que el denunciante pueda presentar nuevamente su denuncia.

7.1.2 Desahogo

Al momento en que se da comienzo a una investigación por prácticas monopólicas o concentraciones ilícitas debe hacerse presente una causa objetiva, entendiéndose por causa objetiva como cualquier indicio de la existencia de prácticas monopólicas o concentraciones ilícitas, el periodo de investigación comenzará a contar a partir de la emisión de acuerdo y tendrá un límite de tiempo, el cual debe ser inferior a 30 días y no debe exceder de 120, únicamente en casos donde la Autoridad Investigadora considere que existen causas debidamente justificadas podrá ser ampliado hasta en 4 ocasiones por periodos de hasta 120 días.

Asimismo, la Autoridad Investigadora podrá obtener la acumulación de expedientes que se encuentren enlazados a la materia de competencia económica, de igual manera podrá ordenar la apertura de nuevas investigaciones por hechos diferentes y autónomos a los inicialmente investigados, según resulte más adecuado para la pronta y expedita tramitación de las investigaciones.

La Autoridad Investigadora tiene la facultad de requerir de cualquier persona los informes y documentos que considere necesarios para el correcto ejercicio de sus investigaciones, en este requerimiento debe cumplir con ciertos lineamientos:

debe señalar el carácter del requerido como denunciado o tercero coadyuvante, debe citar a declarar a quienes tengan relación con los hechos de que se trate, de igual forma debe ordenar y practicar visitas de verificación en donde se presuma que existen elementos para la debida integración de la investigación. Las visitas de verificación quedan sujetas a 4 reglas:

En la orden de visita debe contener el objeto, alcance y duración de los que deberá limitarse la diligencia: nombre del visitado, domicilio o domicilios para visitar, el nombre o nombres del personal autorizado para la práctica conducta o separada y aplicar las medidas de apremio en cas en que se obstaculice el desahogo de la diligencia o negarse a proporcionar información o documentos solicitados.

El objetivo de las visitas de verificación deberá ser obtener datos o documentos que se relaciones con la investigación, estas visitas no podrán excederse de dos meses, pueden prorrogarse hasta por otro periodo igual, siempre y cuando sea de forma justificada.

Las visitas deberán ser realizadas en días y horas hábiles únicamente por el personal autorizado para su desahogo, previa identificación y exhibición de la orden de visita respectiva a la persona que se encuentre en el domicilio al momento de realizarse la visita. La Autoridad Investigadora cuenta con la facultad de habilitar días y horas inhábiles para iniciar o continuar la visita, en estos casos debe hacerse por medio del oficio por el que se haya encargado la visita.

El visitado, sus funcionarios, representantes o encargados de las instalaciones de los Agentes Económicos están obligados a permitir la práctica de dicha diligencia, otorgando las facilidades al personal autorizado.

La Autoridad Investigadora cuenta con facultades como: Acceder a cualquier oficina local, terreno, medio de transporte, computadora, aparato electrónico, dispositivo de almacenamiento, archiveros o cualquier otro medio que pudiera contener evidencia de la realización de actos o hechos materia de la visita verificar los libros, documentos, papeles, archivos o información, cualquiera que sea su suporte material, relativos a la actividad económica del visitado, puede hacer u obtener copias o extractos, en cualquier formato, de dichos libros, documentos, papeles, archivos o información almacenada o generada por medios electrónicos, puede asegurar todos los libros, documentos y demás medios del Agente Económico visitado durante el tiempo y en la medida en que sea necesaria para la práctica de la visita de verificación, y por último puede solicitar a cualquier funcionario, representante o miembro del personal del Agente Económico visitado, explicaciones sobre hechos, información o documentos relacionados con el objeto y la finalidad de la visita de verificación y asentar constancia de sus respuestas.

Para el cumplimiento de la visita de verificación, la Autoridad Investigadora podrá autorizar que los servidores públicos que lleven a cabo la visita de verificación puedan solicitar auxilio inmediato de fuerza pública, pero en ningún caso la autoridad podrá embargar o secuestrar información del visitado.

Durante el desarrollo de la diligencia el personal autorizado tiene las siguientes facultades:

Puede tomar fotografías o video filmaciones o reproducir por cualquier medio papel, libros, documentos, archivos e información generada por cualquier tecnología o soporte material y estos recursos podrán ser utilizados como elementos con pleno valor probatorio.

Al precintar y asegurar oficinas, locales, libros, documentos y demás medios del Agente Económico, puede sellarlo y marcarlo, así como ordenar que se mantengan en depósito a cargo del visitado o de la persona que se entienda la diligencia.

Se le permite el uso o extracción de documentos u objetos que resulten indispensables para el desarrollo de las actividades del Agente Económico.

En las visitas de verificación se procurará no afectar la producción, distribución y comercialización de bienes y servicios, a efecto de evitar daños al Agente Económico o al consumidor.

Si el visitado, sus funcionarios o los encargados no permitieran el acceso al personal autorizado para practicar la visita de verificación o no permitieran el acceso a la información o documentos requeridos, quedará asentada en el acta respectiva y se presumirán ciertos los hechos que se le imputen, sin perjuicio de las medidas de apremio que estimen pertinentes.

La persona a la que se le emita la visita tiene el derecho de hacer observaciones a los servidores públicos autorizados durante la práctica de la diligencia y se harán constar en el acta.

En cada visita debe redactarse acta en la cual se plasmarán los hechos u omisiones que se hubieran conocido por el personal autorizado, esta misma acta se levantará en presencia de dos testigos que serán propuestos por la persona con la que se hubiese entendido la diligencia.

El contenido de las actas será el siguiente:

Nombre, denominación o razón social del visitado.

Hora, día, mes y año en que se inicie y termine la diligencia.

Calle, número exterior e interior, colonia, población, entidad federativa y código postal en donde encuentre ubicado el lugar en el que se practique la visita, en caso de no ser posible se debe asentar los datos donde se practicó la diligencia.

Número y fecha del oficio que ordene la visita de verificación.

Nombre y datos de identificación del personal autorizado para el desahogo de la visita de verificación.

Nombre y cargo o empleo de la persona con quien se entendió la diligencia.

Nombre y domicilio de las personas que fueron testigos.

Mención de la oportunidad que se da al visitado para ejercer el derecho de hacer las observaciones a los servidores públicos durante la diligencia.

Narración circunstanciada de los hechos relativos a la diligencia y mención de si se ha reproducido documentos o información, tomado fotografías, realizado video filmaciones o recabado otros elementos de prueba.

Mención de la oportunidad que se da ala visitado de formular aclaraciones u observaciones al acta levantada dentro del término de cinco días.

Nombre y firma de quienes intervienen en la diligencia, y si se presentara el caso, la indicación de que el visitado se negó a firmar el acta

Una vez que la Autoridad Investigadora haya emitido esta solicitud de informes y documentos, las personas y Autoridades Públicas[3] tendrán un plazo de 10 días para presentarlos, y solamente por petición de las personas o Autoridades Públicas el plazo puede ampliarse hasta 10 días más, sólo si así lo amerita la complejidad o volumen de información requerida, las Autoridades Públicas por ámbito de competencia están obligadas al auxilio que les sea requerido para el cumplimiento de las atribuciones de la Autoridad Investigadora.

---

3 Toda autoridad de la Federación, de los Estados, del Distrito Federal y de los Municipios, de sus entidades y dependencias, así como de sus administraciones paraestatales y paramunicipales, fideicomisos públicos, instituciones y organismos autónomos, y de cualquier otro ente público.

Toda información y documentos obtenidos de parte de la Autoridad Investigadora serán considerados como reservados y confidenciales.

La Fiscalía General de la República podrá ser requerida por la Autoridad Investigadora cuando quiera presentar denuncia o querella ante probables conductas delictivas en materia de libre concurrencia y competencia económica.

7.1.3 Conclusión de la investigación

Al darse por terminada la investigación, se presentará al Pleno un dictamen que proponga el inicio del procedimiento en forma del juicio, por existir elementos objetivos que hagan probable la responsabilidad del o los agentes económicos visitados o el cierre del expediente en caso de que los elementos no sean suficientes para iniciar el procedimiento en forma de juicio.

En dado caso de que se inicie el procedimiento en forma de juicio, el Pleno ordenará al órgano encargado de la instrucción del procedimiento que inicie éste mediante el emplazamiento a los probables responsables.

Y en circunstancias en las cuales se dé por concluido el expediente se podrá ordenar el inicio del procedimiento seguido en forma de juicio por existir elementos objetivos que hagan probable la responsabilidad del o los Agentes Económicos investigados.

Dicho dictamen emitido por la Autoridad Investigadora deberá contener al menos lo siguiente:

La identificación del o los agentes económicos investigados, o bien, de los probables responsables.

Los hechos investigados y su probable objeto o efecto en el mercado.

Las pruebas y demás elementos de convicción que obren en el expediente de investigación y su análisis.

Los elementos que sustenten el sentido del dictamen, o bien, las disposiciones legales que se estimen violadas, así como las consecuencias que pueden derivar de dicha violación.

7.2 PROCEDIMIENTO SEGUIDO EN FORMA DE JUICIO

7.2.1 Emplazamiento

Se dará inicio al emplazamiento con el dictamen de probable responsabilidad emitido, estando sujetas al procedimiento seguido en forma de juicio al Agente Económico en contra de quien se emita el dictamen de probable responsabilidad y la Autoridad Investigadora.

Quien haya presentado la denuncia para el inicio de la investigación, será coadyuvante de la Autoridad Investigadora en el procedimiento seguido en forma de juicio, bajo los términos que determine el estatuto orgánico.

7.2.2 Desahogo del procedimiento

Para tramitar el procedimiento seguido en forma de juicio deberá de contar con los siguientes requisitos:

El probable responsable tendrá acceso al expediente y un plazo de 45 días sin acceso prórroga para manifestar lo que a su derecho convenga, adjuntar los medios de prueba documentales que obren en su poder y ofrecer las pruebas que admitieren algún desahogo, el emplazado deberá referir a cada uno de los hechos expresados en el dictamen de probable responsabilidad, los hechos de los cuales no haga manifestación alguna ser tomarán por ciertos a menos de que se demuestre lo contrario, lo mismo ocurrirá si no presenta su contestación dentro del plazo de los 45 días.

Se dará vista a la Autoridad Investigadora para que en un plazo máximo de 15 días hábiles se pronuncia en relación con los argumentos y pruebas ofrecidas tras las manifestaciones del probable responsable.

Una vez que haya concluido el término de 15 días mencionado anteriormente, se acordará ya sea el desechamiento o la admisión de pruebas, y se fijará el lugar, día y hora para su desahogo, este desahogo debe realizarse dentro de un plazo no mayor a 20 días desde su admisión.

Todos los medios de pruebas serán admitidos, excepto los confesionales y testimoniales a cargo de autoridades, los que no sean ofrecidos conforme a derecho, los que no tengan relación con los hechos y de igual forma aquellas pruebas innecesarias o ilícitas.

La Comisión será la encargada de allegarse y ordenar el desahogo de pruebas para mejor proveer o citar para los alegatos, una vez que hayan sido desahogadas las pruebas y dentro de los 10 días siguientes.

La Comisión presentará un plazo no mayor a 10 días para que el probable responsable y la Autoridad Investigadora formulen por escrito los alegatos que correspondan.

El expediente se entenderá integrado a la fecha de presentación de los alegatos o al vencimiento del plazo referido emitido por la Comisión, una vez integrado el expediente, se turnará por acuerdo del Presidente al Comisionado ponente, así como el orden cronológico en que se integró el expediente, quien tendrá la obligación de presentar el proyecto de resolución al Pleno para su aprobación o modificación, en este último caso el Comisionado ponente incorporará al proyecto las modificaciones o correcciones sugeridas por el Pleno.

Dentro de los 10 días siguientes a la fecha en que se quedó integrado el expediente, el probable responsable o el denunciante tendrán derecho de solicitar al Pleno una audiencia oral con el objeto de realizar las manifestaciones que estimen pertinentes.

La resolución será dictada por La Comisión en un plazo que no exceda de 40 días.

7.2.3 La valoración de pruebas

Para realizar un análisis de las pruebas y determinar el valor de las mismas, la Comisión gozará de la más amplia libertad para así fijar el resultado de dicha valoración, deberán basarse en la apreciación en su conjunto de los elementos probatorios directos, indirectos e indiciarios otorgados en el proceso.

7.2.4 La resolución definitiva

La resolución definitiva emitida deberá de contener los siguientes elementos:

Apreciación de los medios e convicción conducentes para tener o no por acreditada la realización de la práctica monopólica o concentración ilícita.

En caso de una práctica monopólica relativa, la determinación de que el o los Agentes Económicos responsables tienen poder sustancial en términos de la Ley Federal de Competencia Económica.

Si se ordena la supresión definitiva de la práctica monopólica o concentración ilícita o de sus efectos o si se determina la realización de actos y acciones cuya omisión haya causado la práctica monopólica o de concentración ilícita, así como los medios y plazos para acreditar el cumplimiento de dicha determinación ante la Comisión.

La determinación sobre imposición de sanciones.

7.3 PROCEDIMIENTOS ESPECIALES

7.3.1 Procedimiento para determinar insumos esenciales o barreras a la competencia

A través de solicitud del Ejecutivo Federal, de la Secretaría o por oficio, la Comisión iniciará el procedimiento de investigación cuando existan elementos que hagan suponer que no existen circunstancias de competencia efectiva en un mercado y con el fin de determinar la existencia de barreras a la competencia y libre concurrencia o insumo esenciales que puedan generar efectos anticompetitivos, mismo que se realizará conforme a lo siguiente:

La autoridad Investigadora dictará el acuerdo de inicio y publicará en el Diario Oficial de la Federación un extracto del mismo, el cual deberá identificar el mercado materia de la investigación con objeto de que cualquier persona pueda aportar elementos durante la investigación. A partir de la publicación del extracto comenzará a contar el período de investigación, el cual no podrá ser inferior a treinta ni exceder de ciento veinte días. Dicho periodo podrá ser ampliado por la Comisión hasta en dos ocasiones cuando existan causas que lo justifiquen.

La Autoridad Investigadora contará con todas las facultades de investigación que se prevén en la Ley Federal de Competencia Económica, incluyendo requerir los informes y documentos necesarios, citar a declarar a quienes tengan relación en el caso, realizar visitas de verificación y ordenar cualquier diligencia que consideren pertinente, cuando se trate de insumos esenciales deberá analizar durante la investigación los siguientes supuestos:

Si el insumo es controlado por uno, o varios Agentes Económicos con poder sustancial o que hayan sido determinados como preponderantes por el Instituto Federal de Telecomunicaciones.

Si no es viable la reproducción del insumo desde un punto de vista técnico, legal o económico por otro Agente Económico;

Si el insumo resulta indispensable para la provisión de bienes o servicios en uno o más mercados, y no tiene sustitutos cercanos.

Las circunstancias bajo las cuales el Agente Económico llegó a controlar el insumo.

Los demás criterios que, en su caso, se establezcan en las Disposiciones Regulatorias.

Si existen elementos para determinar que no existen condiciones de competencia efectiva en el mercado investigado, al concluir la investigación, la Autoridad Investigadora emitirá dentro de los siguientes 60 días la conclusión de la investigación, un dictamen preliminar o bien propondrá al Pleno el cierre de expediente.

Al emitir el dictamen preliminar deberán de proponerse las medidas correctivas que se consideren necesarias para eliminar las restricciones al funcionamiento eficiente del mercado investigado, en ese caso debe solicitar una opinión técnica no vinculatoria a la dependencia coordinadora del sector o a la Autoridad Pública que corresponda respecto de dichas medidas correctivas.

Este dictamen preliminar deberá de notificarse a los Agentes Económicos que pudieran verse afectados por las medidas correctiva propuestas, entre ellas las posibles barreas a la competencia o por la regulación para el acceso al insumo esencial, así como a la dependencia coordinadora del sector o a la Autoridad Pública que corresponda.

Aquellos Agentes Económicos que presenten interés jurídico en el asunto podrán manifestar lo que su derecho convenga y ofrecer los elementos de convicción que estimen pertinentes ante la Comisión, dentro de los 45 días siguientes a aquel en que surta efectos la notificación correspondiente, una vez que disco plazo termine se acordará el desechamiento o la admisión de prueba y se fijará el lugar, día y hora de su desahogo.

Dentro de los próximos 10 días, tras el desahogo de pruebas, la Comisión podrá ordenar el desahogo de pruebas para mejor proveer o citar para alegatos.

Una vez desahogadas las pruebas, la Comisión fijará un plazo de 15 días para que se formulen por escruto los alegatos que correspondan.

El Agente Económico involucrado podrá proponer a la Comisión en una sola ocasión, medidas idóneas y económicamente viables para eliminar los problemas de competencia identificados en cualquier momento y hasta antes de la integración.

Una vez recibido el escrito de propuesta de medidas, después de 5 días la Comisión podrá prevenir al Agente Económico para que presente las aclaraciones correspondientes en un plazo de 5 días, posteriormente dentro de los 10 días siguientes a la recepción del escrito de propuesta o aclaraciones se presentará un dictamen ante el Pleno, quien deberá resolver la pretensión del Agente Económico solicitante dentro de los 20 días siguientes, si el Pleno no acepta la propuesta deberá justificar los motivos y la Comisión emitirá en un plazo de 5 días el acuerdo de reanudación del procedimiento, una vez integrado el expediente, dentro de un plazo no mayor a 60 días, emitirá la resolución que corresponda.

Esta resolución antes mencionada puede incluir recomendaciones para la Autoridad Pública, una orden al Agente Económico correspondiente para eliminar una barrera que afecta indebidamente el proceso de libre concurrencia y competencia, la determinación sobre la existencia de insumos esenciales y lineamientos para regular las modalidades de acceso, precio o tarifas, condiciones técnicas y calidad, así como el calendario de aplicación, de igual forma puede tratarse de la desincorporación de activos, derechos, partes sociales o acciones del

Agente Económico en las proporciones necesarias para eliminar los efectos anticompetitivos, esta medida procederá cuando otras medidas correctivas no son suficientes para solucionar el problema de competencia identificado.

Una vez emitida la resolución se notificará al Ejecutivo Federal y a la dependencia correspondiente, a los Agentes Económicos afectados y también será publicada en los medios de difusión de la Comisión y en el Diario Oficial de la Federación.

Cuando a juicio del titular del insumo esencial, hayan dejado de reunirse los requisitos para ser considerado como tal, podrá solicitar a la Comisión el inicio de la investigación prevista en este artículo, con el objeto de que la Comisión determine si continúan o no actualizándose dichos requisitos. Si la Comisión determina que el bien o servicio no reúne los requisitos para ser considerado un insumo esencial, a partir de ese momento quedará sin efectos la resolución que hubiera emitido la Comisión regulando el acceso al mismo.

En todos los casos, la Comisión deberá verificar que las medidas propuestas generarán incrementos en la eficiencia en los mercados por lo que no se impondrán éstas cuando el Agente Económico con interés jurídico en el procedimiento demuestre, en su oportunidad, que las barreras a la competencia y los insumos esenciales crean ganancias en eficiencia e inciden favorablemente en el proceso de competencia económica y libre concurrencia superando sus posibles efectos anticompetitivos, y resultan en una mejora del bienestar del consumidor. Entre las ganancias en eficiencia se podrán contemplar las que sean resultado de la innovación en la producción, distribución y comercialización de bienes y servicios.

Si la Comisión toma la decisión en sus resoluciones la existencia de barreras a la competencia y libre concurrencia o de insumos esenciales, deberá de notificarse a las autoridades que regulen el sector del que se trate y que determinen lo conducente para lograr condiciones de competencia.

Se hará del saber del titular del Ejecutivo Federal cuando la Comisión tenga en conocimiento actos o normas generales emitidas por un Estado, la Ciudad de México o un Municipio, que puedan resultar contarios a lo dispuesto, para que, por conducto de su Consejero Jurídico, si es que se considera pertinente, inicie una controversia constitucional o del órgano correspondiente para interponer una acción de inconstitucionalidad, la Comisión debe dar a conocer los motivos por los cuales los actos o normas generales contravienen los citados preceptos constitucionales, y si el Ejecutivo Federal no le otorga la razón debe publicar los motivos de su decisión.

7.3.2 Procedimiento para resolver sobre condiciones de mercado

Aplica el caso de que cuando las disposiciones legales prevengan expresamente que deba resolverse u opinar sobre cuestiones de competencia efectiva, existencia de poder sustancial en el mercada relevante u otros términos análogos, o bien, cuando así lo considere el Ejecutivo Federal mediante acuerdo o decretos, la Comisión emitirá de oficio o a solicitud del Ejecutivo Federal, o por la Secretaría o a solicitud de la dependencia coordinadora del sector correspondiente, ese oficio generará el siguiente procedimiento:

En caso de solicitud de parte o de la autoridad coordinadora del sector correspondiente, el solicitante deberá presentar la información que permita identificar el mercado relevante y el poder sustancial, también motivar la necesidad de emitir la resolución u opinión.

Dentro de los 10 días siguientes, se emitirá el acuerdo de inicio o prevendrá al solicitante para que presente la información faltante, que permita a la Comisión identificar el mercado relevante y la existencia de poder sustancial, lo que deberá cumplir en un plazo de 15 días, contado a partir de que sea notificado de la prevención. En caso de que no se cumpla con el requerimiento, se tendrá por no presentada la solicitud.

La Comisión dictará el acuerdo de inicio y publicará en el Diario Oficial de la Federación un extracto de este, el cual deberá contener el mercado materia de la declaratoria con el objeto de que cualquier persona pueda coadyuvar en dicha investigación. El extracto podrá ser difundido, además, en cualquier otro medio de comunicación cuando el asunto sea relevante a juicio de la Comisión.

El período de investigación comenzará a contar a partir de la publicación del extracto y no podrá ser inferior a quince ni exceder de 45 días.

La Comisión requerirá los informes y documentos necesarios y citará a declarar a quienes tengan relación con el caso de que se trate.

Concluida la investigación correspondiente y si existen elementos para determinar la existencia de poder sustancial, o que no hay condiciones de competencia efectiva, u otros términos análogos, la Comisión emitirá un dictamen preliminar dentro de un plazo de 30 días contados a partir de la emisión del acuerdo que tenga por concluida la investigación, y un extracto del mismo será publicado en los medios de difusión de la Comisión y se publicarán los datos relevantes del dictamen en el Diario Oficial de la Federación.

Los Agentes Económicos que demuestren ante la Comisión que tienen interés en el asunto, podrán manifestar lo que a su derecho convenga y ofrecer los elementos de convicción que estimen pertinentes, dentro de los 20 días siguientes al de la publicación de los datos relevantes del dictamen preliminar en el Diario Oficial de la Federación.

Dentro de los 10 días siguientes al vencimiento del plazo referido en la fracción anterior, se acordará, en su caso, el desechamiento o la admisión de los medios de prueba y se fijará el lugar, día y hora para su desahogo.

El desahogo de las pruebas se realizará dentro de un plazo no mayor de veinte días, contado a partir de su admisión.

El expediente se entenderá integrado una vez desahogadas las pruebas o concluido el plazo concedido para ello.

Una vez integrado el expediente, la Comisión emitirá resolución u opinión en un plazo no mayor a 30 días, misma que se deberá notificar, en su caso, al Ejecutivo Federal y la autoridad coordinadora del sector correspondiente y publicar en la página de internet de la Comisión, así como publicar los datos relevantes en el Diario Oficial de la Federación. Lo anterior, para efectos de que, en su caso, la autoridad coordinadora del sector pueda establecer la regulación y las medidas correspondientes, para lo cual podrá solicitar la opinión no vinculatoria de la Comisión.

Lo establecido en las fracciones IV, VIII y X con respecto a los plazos, puede estar sujetos a prórroga si es que así lo considera la Comisión.

7.3.3 Procedimiento de dispensa y reducción del importe de multas

En un procedimiento por práctica monopólica relativa o concentración ilícita seguido ante la Comisión, antes de que se emita el dictamen de probable responsabilidad, el Agente Económico sujeto a investigación por única ocasión, puede manifestar por escrito su voluntad de acogerse al beneficio de dispensa o reducción del importe de las multas establecidas, siempre y cuando se acredite lo siguiente ante la Comisión:

Su compromiso para suspender, suprimir o corregir la práctica o concentración correspondiente, a fin de restaurar el proceso de libre concurrencia y competencia económica.

Los medios propuestos sean jurídica y económicamente viables e idóneos para evitar llevar a cabo, o bien, dejar sin efectos la práctica monopólica relativa o concentración ilícita objeto de investigación.

Dentro de los 5 días siguientes a la recepción del escrito la Autoridad Investigadora suspenderá la investigación, por otro lado, podrá prevenir al Agente Económico sujeto a investigación para que en un plazo no mayor a 5 días, presente las aclaraciones correspondientes y se le dará vista al denunciante para que en un plazo no mayor a 10 días presente ante el Pleno un dictamen en el cual emita su opinión ante la pretensión del Agente Económico solicitante.

La Comisión emitirá una resolución en un plazo de 20 días a partir de que la Autoridad Investigadora le presente su dictamen, y en dado caso de que el Pleno no acepte la solicitud del Agente Económico, la Autoridad Investigadora en un plazo de 5 días reanudará el procedimiento, esta resolución decretará el otorgamiento del beneficio de la dispensa o reducción del pago de las multas que pudieran corresponderle o las medidas para restaurar el proceso de libre concurrencia y de competencia económica.

El Agente Económico deberá aceptar de conformidad expresamente escrita la resolución dentro de un plazo de 15 días a partir de que sean notificados, si no acepta expresamente la resolución emitida los procedimientos que hayan sido suspendidos serán reanudados.

Cualquier Agente Económico que haya incurrido o esté incurriendo en una práctica monopólica absoluta; haya participado directamente en prácticas monopólicas absolutas en representación o por cuenta y orden de personas morales; y el Agente Económico o individuo que haya coadyuvado, propiciado, inducido o participado en la comisión de prácticas monopólicas absolutas, podrá reconocerla ante la Comisión y acogerse al beneficio de la reducción de las sanciones, siempre y cuando:

Sea el primero, entre los Agentes Económicos o individuos involucrados en la conducta, en aportar elementos de convicción suficientes que obren en su poder y de los que pueda disponer y que a juicio de la Comisión permitan iniciar el procedimiento de investigación o, en su caso, presumir la existencia de la práctica monopólica absoluta.

Coopere en forma plena y continua en la sustanciación de la investigación y, en su caso, en el procedimiento seguido en forma de juicio, Realice las acciones necesarias para terminar su participación en la práctica violatoria.

Cumplidos los requisitos anteriores, la Comisión dictará la resolución a que haya lugar e impondrá una multa mínima. Los Agentes Económicos podrán obtener una reducción de la multa de hasta el 50, 30 o 20 por ciento del máximo permitido, cuando aporten elementos de convicción en la investigación, adicionales a los que ya tenga la Autoridad Investigadora y cumplan con los demás requisitos previstos en este artículo. Para determinar el monto de la reducción la Comisión tomará en consideración el orden cronológico de presentación de la solicitud y de los elementos de convicción presentados.

Los individuos que hayan participado directamente en prácticas monopólicas absolutas, en representación o por cuenta y orden de los Agentes Económicos que reciban los beneficios de la reducción de sanciones, podrán verse beneficiados con la misma reducción en la sanción que a éstos correspondiere siempre y cuando aporten los elementos de convicción con los que cuenten, cooperen en forma plena y continua en la sustanciación de la investigación que se lleve a cabo y, en su caso, en el procedimiento seguido en forma de juicio, y realicen las acciones necesarias para terminar su participación en la práctica. La Comisión mantendrá con carácter confidencial la identidad del Agente Económico y los individuos que pretendan acogerse a los beneficios antes mencionados.

Las Disposiciones Regulatorias establecerán el procedimiento conforme al cual deberá solicitarse y resolverse la aplicación del beneficio previsto en este artículo, así como para la reducción en el monto de la multa.

7.3.4 Procedimiento para la emisión de opiniones o resoluciones en el otorgamiento de licencias, concesiones, permisos y análogos

Una vez que la Comisión emita opinión o autorización en el otorgamiento de licencias, concesiones, permisos, cesiones, venta de acciones de empresas concesionarias o permisionarias u otras cuestiones análogas, iniciará y tramitará el siguiente proceso.

En caso de solicitud de parte o de la autoridad coordinadora del sector correspondiente, las Disposiciones Regulatorias establecerán los requisitos para la presentación de la solicitud.

Posterior a 10 días, la Comisión emitirá el acuerdo de recepción o de prevención a los Agentes Económicos para que dentro del mismo plazo presenten la información y documentación faltantes, posteriormente dentro de un plazo de 10 días, la Comisión emitirá el acuerdo que tiene por presenta la información o documentos faltantes, en dado caso de que no se desahogue la prevención, la solicitud se tendrá por no presentada.

La Comisión emitirá la opinión dentro del plazo de 30 días contando a partir del acuerdo de recepción o el acuerdo que tenga por presentada la información o documentación faltante. Para emitir la opinión, serán aplicables en lo conducente los siguientes supuestos:

El mercado relevante.

La identificación de los principales agentes económicos que abastecen el mercado de que se trate, el análisis de su poder en el mercado relevante, de acuerdo con esta Ley, el grado de concentración en dicho mercado.

Los efectos de la concentración en el mercado relevante con respecto a los demás competidores y demandantes del bien o servicio, así como en otros mercados y agentes económicos relacionados; La participación de los involucrados en la concentración en otros agentes económicos y la participación de otros agentes económicos en los involucrados en la concentración, siempre que dichos agentes económicos participen directa o indirectamente en el mercado relevante o en mercados relacionados. Cuando no sea posible identificar dicha participación, esta circunstancia deberá quedar plenamente justificada.

Los elementos que aporten los agentes económicos para acreditar la mayor eficiencia del mercado que se lograría derivada de la concentración y que incidirá favorablemente en el proceso de competencia y libre concurrencia.

Los demás criterios e instrumentos analíticos que se establezcan en las Disposiciones Regulatorias y los criterios técnicos.

Confiera o pueda conferir al fusionante, al adquirente o Agente Económico resultante de la concentración, poder sustancial en los términos de esta Ley, o incremente o pueda incrementar dicho poder sustancial, con lo cual se pueda obstaculizar, disminuir, dañar o impedir la libre concurrencia y la competencia económica.

Tenga o pueda tener por objeto o efecto establecer barreras a la entrada, impedir a terceros el acceso al mercado relevante, a mercados relacionados o a insumos esenciales, o desplazar a otros Agentes Económicos.

Tenga por objeto o efecto facilitar sustancialmente a los participantes en dicha concentración el ejercicio de conductas prohibidas por esta Ley, y particularmente, de las prácticas monopólicas.

La solicitud de opinión deberá presentarse en la fecha que se indique en la convocatoria o bases de la licitación correspondiente.

La solicitud de opinión siempre deberá ser previa a la presentación de las ofertas económicas. La convocante deberá enviar a la Comisión, antes de la publicación de la licitación, la convocatoria, las bases de licitación, los proyectos de contrato y los demás documentos relevantes que permitan a la Comisión conocer la transacción pretendida.

La convocante de la licitación o concurso deberá enviar a la Comisión con un mínimo de 30 días previos a la fecha de publicación de la convocatoria.

La Comisión podrá solicitar a la convocante o licitante los documentos o información faltante o relevante, para llevar a cabo el análisis correspondiente, en un plazo de 10 días contados a partir de la presentación de la información.

Dentro de los 15 días siguientes a la presentación de la información señalada en las fracciones anteriores, según sea el caso, la Comisión deberá resolver sobre las medidas de protección a la competencia que deban incluirse en la convocatoria, bases y sus anexos, y demás documentos de la licitación.

La Comisión deberá acordar con la convocante las fechas en que los interesados deberán presentar sus solicitudes de opinión, y en la que la Comisión notificará su resolución.

7.3.5 Procedimiento de solicitudes de opinión formal y orientaciones generales en materia de libre concurrencia y competencia económica

Cualquier Agente Económico va a poder pedir a la Comisión una crítica formal en materia de libre concurrencia y competencia económica una vez que se refiera a la aparición de preguntas novedosas o sin solucionar relacionadas con la aplicación y considere que es un asunto importante.

La Comisión emitirá la crítica formal una vez que se cumplan los próximos requisitos:

Que la evaluación sustantiva de un comportamiento a efectos de la aplicación de esta ley plantee una cuestión para la que el marco jurídico aplicable, integrados los antecedentes judiciales, no brinde aclaración alguna o para la que no haya directrices, guías, lineamientos y criterios técnicos u orientaciones en general públicamente accesibles, ni antecedentes en la práctica decisoria de la Comisión, ni opiniones formales y concretas en temas de independiente concurrencia y competencia económica previas.

Que de una evaluación preliminar de las particularidades y situaciones de la solicitud de crítica se desprenda la utilidad de poner en claro la cuestión nueva por medio de una crítica formal, teniendo presente los próximos recursos:

El valor económico a partir de la perspectiva del consumidor de los bienes y servicios dañados por el consenso o la práctica.

El tamaño en que el comportamiento destinado en la solicitud de crítica formal refleja o es factible que refleje un comportamiento o uso económico más extendido en el mercado.

El valor de las inversiones que corresponden al comportamiento dedicado en la solicitud de crítica formal relacionadas con la medida de las organizaciones dañadas.

Que la Comisión logre expedir su crítica formal sobre la base de la información concedida, sin que sea primordial que proceda a una averiguación adicional de los hechos.

No obstante, la Comisión va a poder usar cualquier información adicional de que disponga procedente de fuentes públicas, de métodos anteriores o de cualquier otra fuente y solicitar al Agente Económico que solicita la crítica formal de la información adicional. La Comisión no atenderá las demandas de crítica formal una vez que se dé cualquier persona de las siguientes situaciones:

Que las preguntas planteadas en la solicitud sean idénticas o semejantes a preguntas planteadas en un tema pendiente frente a la Comisión o frente a un órgano jurisdiccional.

Que el comportamiento a que hace referencia la solicitud se encuentre siendo investigada por la Autoridad Investigadora o se encuentre pendiente de un método frente a la Comisión o frente a un órgano jurisdiccional.

Una vez que las preguntas planteadas en la solicitud sean hipotéticas, y no sobre situaciones reales, específicas o que por el momento no sean aplicadas por las piezas. No obstante, los Agentes Económicos van a poder exponer a la Comisión una solicitud para obtener una crítica formal relativa a preguntas planteadas en un convenio o un comportamiento que hayan proyectado y todavía no esté en práctica. En tal caso, la operación tiene que haber alcanzado una fase suficientemente avanzada para que la solicitud logre atenderse.

La crítica formal emitida, va a tener efectos vinculantes para la Comisión. No van a ser vinculantes las respuestas a las demandas de crítica llevadas a cabo por los Agentes Económicos una vez que éstas sean planteadas sobre situaciones que no sean reales y específicas; no coincidan con los hechos o datos objeto de esa solicitud; se modifique la legislación aplicable o cambien las situaciones materia de la solicitud, o se refieran a preguntas planteadas en un pacto o un comportamiento que se haya proyectado y todavía no esté en práctica.

Para que los Agentes Económicos puedan realizar una solicitud de una opinión formal por escrito ante la Comisión, el escrito deberá contener lo siguiente:

La identidad de los Agentes Económicos afectados y una dirección de contacto para la Comisión.

Las cuestiones específicas sobre las que se solicita la opinión.

Información completa y exhaustiva sobre todos los puntos relevantes para una evaluación con conocimiento de causa de las cuestiones planteadas, incluida la documentación pertinente.

Una explicación motivada razonando el por qué la solicitud de opinión formal plantea una o varias cuestiones nuevas.

Cualquier otra información que permita realizar una evaluación a la luz de lo establecido en el presente Capítulo de esta ley y, en particular, una declaración de que la conducta a la que se refiere la solicitud de opinión formal no se encuentra pendiente en un procedimiento ante un órgano jurisdiccional.

Si la solicitud de opinión formal contiene elementos que se consideren Información Confidencial, la indicación clara de tales elementos en un anexo por separado y con una explicación razonada del por qué se considera que la Comisión debe tratar dicha información como confidencial.

Cualquier otra información o documentación pertinente para el asunto en cuestión.

Una vez recibida la solicitud, la Comisión estará sujeta a los siguientes lineamientos.

El Comisionado Presidente convocará y presentará al Pleno dicha solicitud dentro de un plazo de los 10 días siguientes a su recibimiento. El Pleno tendrá un plazo de 5 días para resolver si expedirá o no una opinión formal sobre la solicitud planteada, debiendo de notificar la resolución al Agente Económico interesado en un plazo adicional a 5 días.

Dentro de los 5 días siguientes a que el Pleno resuelva emitir su opinión formal a la solicitud planteada, se turnará el expediente al órgano encargado de la instrucción quien podrá, dentro de los 10 días siguientes requerir información y documentación adicional al interesado. El Agente Económico solicitante de la opinión formal deberá presentar la información y documentación requerida dentro de los 15 días siguientes contados a partir del requerimiento, o presentar una explicación razonada del por qué dicha información o documentación no puede ser presentada.

Si la información no se proporcionara dentro del plazo previsto en la parte anterior, se va a tener por no presentada la solicitud de crítica formal, sin perjuicio de que el interesado solicite prórroga a dicho plazo o presente una totalmente nueva solicitud.

El órgano delegado de la instrucción integrará el expediente, y una vez incluido, se turnará por consenso del Comisionado Ponente, de forma rotatoria, siguiendo rigurosamente el orden de denominación de los comisionados, así como el orden cronológico en que se incluyó el expediente, quien va a tener la obligación de exponer el plan de crítica formal para disputa en un plazo de 15 días contados desde la fecha en que le ha sido turnada la solicitud de crítica formal o, en su caso, a la fecha de adhesión del expediente. El Comisionado Ponente va a poder agrandar el plazo a que hace referencia esta parte hasta por un plazo igual en caso de que exista causa justificada para eso.

El Pleno va a tener un plazo de 10 días para producir la crítica formal en temas de independiente concurrencia y competencia económica que corresponda, contado desde el día de la celebración de la sesión en que el Pleno discuta y apruebe el plan de crítica formal que corresponde.

Los Agentes Económicos podrán retirar la solicitud de una opinión formal en cualquier momento, sin embargo, la información facilitada en el contexto de dicha solicitud quedará en poder de la Comisión.

Las opiniones formales en materia de libre concurrencia y competencia económica emitidas por la Comisión deberán contener una descripción sucinta de los hechos en los que se basa y los principales argumentos jurídicos subyacentes en la interpretación de la Comisión de las cuestiones nuevas relativas a la Ley Federal de Competencia Económica que se hayan planteado en la solicitud. Dichas opiniones formales pueden limitarse a tratar una parte de las cuestiones planteadas en la solicitud, de igual forma pueden abordar aspectos adicionales a los recogidos en la solicitud.

7.4 CUMPLIMIENTO Y EJECUCIÓN DE RESOLUCIONES

7.4.1 Incidentes

Con fines a los relativos al cumplimiento y la ejecución de las resoluciones emitidas por la Comisión se desahogarán de conformidad con el procedimiento incidental previsto en la Ley Federal de Competencia Económica y en dado caso de que algo no esté previsto se aplicará lo dispuesto en el Código Federal de Procedimientos Civiles.

Un incidente podrá iniciarse a través de la petición de quien demuestre tener interés jurídico o de oficio. Una vez iniciado el procedimiento se dará vista al Agente Económico de que se trate para que dentro de un plazo de 5 días manifieste lo que a su derecho convenga y ofrecimiento de pruebas dichas pruebas deberán ser admitidas y desahogadas dentro del término de 20 días, posteriormente la Comisión otorgará un plazo improrrogable de 5 días a efecto de que se presenten alegatos por escrito.

Tras los alegatos, la Comisión declarará integrado el expediente incidental y se turnar el asunto al Pleno para que resuelva dentro de los 20 días siguientes.

7.4.2 Reparación de daños y perjuicios

Las personas que hayan sufrido perjuicios o daños gracias a una práctica monopólica o una concentración ilícita van a poder interponer las acciones judiciales en protección de sus derechos frente a los tribunales especializados en temas de competencia económica, radiódifusión y telecomunicaciones hasta que la resolución de la Comisión haya quedado firme.

Finalmente, el plazo de prescripción para exigir el pago se interrumpirá con el consenso de inicio de investigación. Con la resolución definitiva que se diga en el método seguido a modo de juicio se va a tener por acreditada la ilicitud en el obrar del Agente Económico de que se trate para efectos de la acción indemnizatoria.

Bibliografía

Ley Federal de Competencia Económica (LFCE)

UNIDAD 8
Sanciones en materia de Competencia Económica

IVÁN ADELCHI PEÑA ESTRADA.

La competencia económica resulta de la combinación de términos jurídicos y económicos que conforman una disciplina que los analiza de manera conjunta, cuyo objetivo es cuidar que las acciones de los agentes económicos que participan en sectores específicos no entorpezcan las relaciones en los mercados, la competencia perfecta y la libre concurrencia en ellos.

El término de "competencia efectiva" fue introducido por J. M. Clark como una forma de aproximar a la realidad el modelo de competencia perfecta, ante la tendencia de la economía capitalista a la concentración de capitales. Se habla de una competencia perfecta cuando dentro del mercado existe una interacción equilibrada entre los productores que ofrecen un mismo producto o servicio y los consumidores que demandan dicho producto o servicio qué, dicho sea de paso, debe ser homogéneo y divisible. Para considerar que existe una competencia perfecta debe tenerse en cuenta que no puede existir asimetría en la información, que no haya costos de transacción, que los productores no sean tomadores del precio del mercado y que no haya externalidades.

En ese marco, surge el concepto de competencia efectiva como la forma más deseable de competencia, frente a estructuras de mercado imperfectas, tal es el caso del monopolio, el oligopolio y el monopsonio. Respecto de la primera figura podemos señalar que es una estructura opuesta a la competencia perfecta, pues en lugar de concurrir diversos productores, los consumidores únicamente recurren al consumo de un solo productor puesto que éste no tiene sustitutos cercanos, es decir, un monopolio es la exclusividad que adquiere una empresa para ofrecer un servicio o producto a los usuarios, sin que éstos puedan elegir un productor distinto.

En el oligopolio existen más de un productor de un mismo producto, aunque el número es reducido, y cada uno tiene presente la existencia de los otros. Por su parte, estaremos en presencia de un monopsonio cuando un mercado contiene un único comprador del comodity y diversos productores. Es el lado inverso del monopolo, y restringe el abasto de la misma manera que el monopolio.

Ahora bien, en el tiempo han surgido diversos factores que han afectado la materia de competencia en el mundo. Por ejemplo, normas que se rigen por el principio de preservación de la estabilidad económica, en este sentido, cuando ocurren situaciones de emergencia, las políticas suelen volverse más flexibles, tal fue el caso de Estados Unidos que, durante los eventos de la Gran Depresión, en un intento de no provocar que las empresas quebraran y para aligerar las tensiones sociales la aplicación de políticas se flexibilizó pretendiendo algún acuerdo de precios.

De la misma manera, existen razones políticas que afectan la competencia, y pueden resumirse en un evento histórico. Al finalizar la Segunda Guerra Mundial, los Aliados comenzaron a desintegrar ciertos grupos industriales ubicados en Alemania y Japón que quizás representaban cierta amenaza a la democracia por pensar que la concentración del poder económico se utilizara con fines políticos.

Asimismo, existen motivos ambientales que impactan en la competencia. En algunas industrias, el uso de máquinas es indispensable en la creación de los productos o servicios, sin embargo, suelen contaminar. Debido a lo anterior surgió un acuerdo que establecía estándares de calidad más altos para la maquinaria empleada, por lo que los precios de los productos se elevarían, sin embargo, esto contribuiría a una mejora ambiental para la sociedad al usar máquinas menos contaminantes.

De lo anterior se desprende que las condiciones de los diversos mercados pueden ser alterados por diversos factores o elementos, de ahí la importancia de contar con políticas de competencia económica robustas alineadas a la premisa y aspiración al modelo de competencia perfecta.

Las políticas de competencia buscan, precisamente, un ambiente de competencia entre los participantes del mercado. Un primer acercamiento a su definición es el siguiente: "una política de competencia es el conjunto de políticas y leyes que garantizan que la competencia en el mercado no se limite de tal manera que sea perjudicial para la sociedad". El problema que presenta esta primera definición es que resulta ambiguo lo que se pueda entender con perjudicial para la sociedad, por lo que una segunda definición más completa es la siguiente: "una política de competencia es el conjunto de políticas y leyes que aseguran que la competencia en el mercado no se limite a tal grado que reduzca el bienestar económico".

El objetivo general de una política de competencia económica recae en la maximización del bienestar social. El concepto bienestar es explicado por la Economía del Bienestar que establece un estándar económico. El bienestar social se compone de dos elementos: el excedente del consumidor y el excedente del productor. El excedente del consumidor mide los beneficios que obtienen los compradores por su participación en el mercado y refiere a la disposición de los compradores a pagar por un bien menos la cantidad que efectivamente paga. Por su parte, el excedente del productor mide los beneficios que obtienen los vendedores por su participación en el mercado, la cual es igual a la cantidad de dinero que reciben los vendedores por el bien menos los costos de producción. En resumen, el bienestar social trae consigo a la eficiencia económica, lo que propicia mejores precios, calidad de bienes y servicios e innovación.

Adicionalmente, las políticas de competencia económica pueden incluir otros enfoques para lograr el bienestar social, como se describe a continuación.

Salvaguardar a las empresas pequeñas. Este trato más favorable hacia las pequeñas empresas no se cataloga como contrario a los objetivos del bienestar económico, pues esta ventaja le ayuda a permanecer en el mercado, contrarrestando el poder financiero y económico de las grandes empresas.

De igual manera, las políticas de competencia pueden incluir en sus objetivos la justicia y la equidad, que en materia de competencia económica se refieren a la obligación que tienen las empresas de comportarse éticamente en su ámbito de competencia respecto de sus consumidores y otras empresas rivales.

La justicia aplicada a los consumidores se refiere al estándar de precios que existe en el mercado, es decir, es injusto que una empresa maneje precios excesivos. Si bien, las empresas pueden manejar libremente sus listas de precios, en casos excepcionales la autoridad considera que sus precios son muy elevados y, en consecuencia, los clientes no pueden adquirir el servicio o producto, entonces el precio debe regularse.

En este sentido, la política de competencia consiste en una serie de instrumentos que utiliza el Estado para proteger y promover la eficiencia de los mercados en beneficio del consumidor y de la economía en general. En México, dicha política está basada, principalmente, en la Ley Federal de Competencia Económica (LFCE) y su aplicación está a cargo de la Comisión Federal de Competencia Económica (COFECE o Comisión) y del Instituto Federal de Telecomunicaciones (IFT o Instituto), ambos de acuerdo con el artículo 28 constitucional con el carácter de órganos constitucionalmente autónomos, con personalidad jurídica y patrimonio propio. Específicamente, el IFT es agencia de competencia económica en materia de telecomunicaciones y radiodifusión y la COFECE es agencia de competencia económica en los demás sectores.

Siendo la COFECE y el Instituto autoridades en materia de competencia económica, puede darse el caso en que surjan conflictos competenciales entre ellos, por ésta razón, el artículo quinto de la LFCE señala el procedimiento para resolver este tipo de conflictos, a saber:

- Si alguno de los órganos tuviera información de un asunto que está llevando el otro, solicitará le sea remitido el expediente.
- Si el órgano solicitado considera que no es competente, entonces tendrá un periodo de cinco días a partir de la solicitud para remitir el expediente.
- Caso contrario, si considera que es competente para conocer del asunto, en un plazo de cinco días avisará al órgano solicitante, se suspenderá el procedimiento y el expediente será remitido al Tribunal Colegiado de Circuito especializado en la materia de competencia económica, radiodifusión y telecomunicaciones, el cual fijará la competencia en un plazo de diez días.

Recientemente, se resolvió el Conflicto competencial administrativo con número de expediente C. C. A. 2/2015, EL Segundo Tribunal Especializado resolvió que en los mercados que no corresponden específicamente al funcionamiento de las redes y la prestación de servicios a usuarios, serán competencia del IFT.

Las autoridades de competencia mexicanas con el fin de salvaguardar y promover la competencia económica se encuentran dotadas de las siguientes facultades:

- Facultad correctiva: frente la comisión de errores o el surgimiento de problemas relacionados con la competencia económica, las autoridades pueden corregirlos en un mercado ex post;

- Facultad preventiva: se refiera a medidas aplicadas con la finalidad de adelantarse al surgimiento de problemas en competencia en un mercado ex ante y evitar que sucedan;
- Facultad de promoción: las autoridades tienen la capacidad de implementar medidas que generen una cultura de competencia, también emite opiniones relacionadas con la materia.

Para el cumplimiento de sus facultades el Estado tiene su potestad sancionadora. El estado representado por las autoridades de competencia (COFECE e IFT), cuyo ius punendi se encuentra primordialmente en el artículo 127 de la LFCE.

8.1 MEDIDAS DE APREMIO Y 8.2 SANCIONES EN MATERIA DE COMPETENCIA ECONÓMICA.

Las sanciones se imponen a los agentes económicos. Conforme la LFCE, un agente económico es aquella persona física o moral, dependencias y entidades de la administración pública federal, estatal o municipal, asociaciones, cámaras empresariales, agrupaciones de profesionistas, fideicomisos, que con o sin fines de lucro participan en la actividad económica.

El Poder Judicial de la Federación, mediante la Tesis I.4°.A. J/65 de noviembre del 2008, señala que la participación de los Agentes Económicos en la actividad económica ocurre mediante su competencia y concurrencia en producir, procesar, distribuir y comercializar bienes o servicios a través de la formulación de contratos, convenios, combinaciones o arreglos pactados entre ellos, cuyas ganancias o utilidades obtenidas trascienden a la economía del Estado.

Antes de continuar abordando el tema de multas en materia de competencia económica es importante tener presente las siguientes consideraciones previas.

1) Las disposiciones hacen referencia al salario mínimo general vigente en el Distrito Federal, no obstante, mediante el "Decreto por el que se declara reformadas y adicionadas diversas disposiciones de la Constitución Política de los Estados Unidos Mexicanos, en materia de desindexación del salario mínimo" publicado en el DOF el veintisiete de enero de dos mil dieciséis , a partir del veintiocho de enero de dos mil dieciséis, la base de cálculo dejó de ser el SMGVDF, por lo que, de conformidad con el mismo, "[e]l salario mínimo no podrá ser utilizado como índice, unidad, base, medida o referencia para fines ajenos a su naturaleza", en su lugar, se utilizará el valor de la Unidad de Medida de Actualización. La UMA se calculará y determinará anualmente por el INEGI, misma que tendrá un valor diario, uno mensual y uno anual, valores que publicará la propia INEGI en el DOF dentro de los primeros días del mes de enero y entraran en vigor a partir del primero de febrero de dicho año. Por lo anterior, para la explicación de sanciones que se expone más adelante se hará referencia a la UMA.

2) La investigación por prácticas monopólicas o concentraciones ilícitas siguen, groso modo, 3 etapas:

   a. Etapa de investigación a cargo de la Autoridad Investigadora, done ésta propone un dictamen de probable responsabilidad (DPR), para el caso de las prácticas monopólicas absolutas o relativas dado que hay un posible agente económico infractor, o bien, propuesta de cierre de la investigación.

b. Etapa de procedimiento seguido en forma de juicio ante la Secretaría Técnica que tiene por objetivo otorgarle al probable responsable la posibilidad de defenderse ante las imputaciones que le hace la Autoridad Investigadora en el DPR.

c. Etapa de resolución ante el Pleno donde se dicta sancionar al agente económico o se ordena cerrar el expediente.

Cabe precisar que para el caso del procedimiento especial de barreras a la competencia e insumos esenciales dado que se emiten medidas correctivas, es decir, no hay propiamente un agente económico infractor, sino que busca arreglar las fallas del mercado, se habla de que ese emite un Dictamen Preliminar (DP). En este supuesto, se sigue un procedimiento de instrucción ante Secretaría Técnica, donde los agentes económicos con interés jurídico manifiesten lo que a su derecho convenga y ofrecer los elementos de convicción que estimen convenientes. Igualmente, se pasa a la etapa ante el Pleno para su resolución donde se dictan medidas correctivas o se ordena cerrar el expediente.

En suma, las sanciones se imponen en las resoluciones del Pleno, previamente se debió llevar a cabo un procedimiento de investigación y el procedimiento seguido en forma de juicio, a cargo de las autoridades investigadoras las cuales están dotadas de autonomía técnica y autonomía de gestión. Al respecto, con el fin de garantizar su independencia, se separó la etapa de investigación del procedimiento administrativo. Es decir, el Pleno no tiene conocimiento de cómo la Autoridad Realiza sus investigaciones, ni interviene en ellas, hasta en tanto no se emita el DPR (o DP) y se le turne para su resolución.

Ahora bien, de acuerdo con el artículo 127 de la LFCE, las conductas sancionables son:

- Por incurrir, participar, coadyuvar, propiciar o inducir una de las conductas que están prohibidas en la LFCE. Es decir, prácticas monopólicas absolutas (artículo 53 de la LFCE), prácticas monopólicas relativas (artículos 54, 55 y 56 de la LFCE) o concentraciones ilícitas (artículo 62 de la LFCE).

- Por incumplir con las resoluciones de la Comisión, incluyendo una orden de eliminar una barrera a la competencia o la regulación establecida sobre un insumo esencial, derivado del procedimiento especial previsto en el artículo 94 de la LFCE.
- Por incumplir con condiciones impuestas por la Comisión.
- Por mentir o entregar información falsa ante la Comisión.
- Por incumplir una medida cautelar.
- Por no haber notificado una concentración cuando legalmente debió hacerse.

Dependiendo la conducta sancionada será la inflación, la cual se encuentra prevista en el propio artículo 127 en el que se desprenden 6 tipos de sanciones:

- Multas pecuniarias.
- La orden de suprimir una conducta por ser una práctica monopólica o corregir sus efectos.
- La orden de desconcentrar una empresa de manera total o parcial, si se concentró o fusionó indebidamente.
- La orden para regular el acceso a un insumo esencial o eliminar una barrera a la competencia.
- La inhabilitación para ejercer como consejero, administrador, director, gerente, directivo, ejecutivo, agente, representante o apoderado en una persona moral.
- La desincorporación o enajenación de activos, derechos, partes sociales o acciones.

Lo anterior refiere a las sanciones administrativas a cargo de las autoridades de competencia, aunque el propio artículo

127 hace referencia a la responsabilidad penal y civil para ciertas conductas, como se explica más adelante.

La aplicación de las sanciones está relacionada con el incumplimiento de un deber jurídico, y pueden ser aplicadas únicamente si están previstas en ley siempre que la autoridad competente funde y motive dicha aplicación, por el principio de legalidad para preservar la seguridad jurídica.

Aplicar sanciones en materia de competencia económica es una manera que el Estado emplea para construir un ambiente adecuado para el desarrollo de la economía, jurídicamente hablando.

a. Sanción por incurrir en prácticas anticompetitivas: Pueden distinguirse dos tipos de prácticas monopólicas: absolutas y relativas. Una práctica monopólica absoluta, de acuerdo con la propia LFCE en su artículo 53, a la conducta de establecer contratos, convenios, arreglos o combinaciones entre los Agentes Económicos competidores con los propósitos de fijar, elevar, concertar o manipular precios de venta; establecer obligaciones de no producir, procesar, distribuir, comercializar o adquirir una cantidad, frecuencia, volumen o número restringido de servicios; establecer, concertar o coordinar abstención en licitaciones, concursos, subastas o almonedas; e intercambiar información con la finalidad de realizar alguna de las conductas anteriormente descritas.

Las sanciones derivadas de las prácticas monopólicas absolutas son:

Tabla: Sanciones de prácticas monopólicas absolutas.[1]			
Sanción administrativa	Por haber incurrido en una práctica monopólica absoluta	Multa hasta por el equivalente al 10% de los ingresos del Agente Económico.	127, fracción IV, de la LFCE
	Por haber participado directa o indirectamente en prácticas monopólicas absolutas, en representación o por cuenta y orden de personas morales	- Multa hasta por el equivalente a doscientas mil veces la UMA. - Inhabilitación para ejercer cargos directivos y de representación de una persona moral hasta por cinco años.	127, fracción X, de la LFCE.
	Por haber coadyuvado, propiciado o inducido la comisión de prácticas monopólicas absolutas	Multa hasta por el equivalente a ciento ochenta mil veces la UMA.	127, fracción XI, de la LFCE
Sanción penal	Por haber celebrado, ordenado o ejecutado prácticas monopólicas absolutas	Prisión por un plazo de cinco a diez años y de mil a diez mil veces la UMA.	254 del Código Penal Federal

Respecto al delito de cárcel -pena privativa de libertad- en materia de competencia económica por incurrir en prácticas monopólicas absolutas, será perseguido por querella de la Comisión o del Instituto, según corresponda, una vez que se formule la resolución correspondiente. Lo anterior, de conformidad con el artículo 12, fracción V, de la LFCE.

Es importante puntualizar que, de conformidad con el artículo 12, fracción VI, de la LFCE, los procesos seguidos por causa de este delito se podrán sobreseer únicamente si el Pleno de la Comisión o del Instituto, en caso de que los procesados cumplan las sanciones administrativas impuestas.

---

1 Elaboración propia. Fuente: Ley Federal de Competencia Económica.

Ahora bien, el artículo 103 de la LFCE establece el programa de inmunidad por la comisión de prácticas monopólicas absolutas. Los agentes económicos que se encuentren ante este supuesto podrán acogerse al este procedimiento de reducción de sanciones siempre y cuando:

- Sea el primero, entre los Agentes Económicos o individuos involucrados en la conducta, en aportar elementos de convicción suficientes que obren en su poder y de los que pueda disponer y que permitan iniciar el procedimiento de investigación o, en su caso, presumir la existencia de la práctica monopólica absoluta. En caso de que no se cumpla con este requisito podrá reducirse la multa a un 50, 30 o 20 por ciento, de acuerdo al orden en que se hayan acogido al programa de inmunidad.
- Coopere en forma plena y continua en la sustanciación de la investigación, y
- Realice las acciones necesarias para terminar su participación en la práctica violatoria de la Ley.

En tal supuesto se impondrá la multa mínima. Asimismo, la autoridad mantendrá con carácter de confidencial los agentes económicos que se hayan acogido al programa de inmunidad.

Por su parte, conforme a los artículos 54, 55 y 56 de la LFCE, se actualiza una práctica monopólica relativa cuando: 1) existe un acto, convenio, contrato, procedimiento o combinación, 2) de uno o más agentes económicos, individual o conjuntamente, con poder sustancial en determinado mercado relevante, 3) realicen alguna de las prácticas previstas en el artículo 56 de la LFCE, 4) teniendo por efecto u objeto, en el mercado relevante o en algún otro mercado relacionado, desplazar indebidamente a otros agentes económicos, impedir sustancialmente su acceso o establecer ventajas exclusivas en favor de otro(s) agente(s) económico(s), 5) sin que dicha práctica genere ganancias en eficiencia (artículo 55 de la LFCE)

Las conductas previstas en el artículo 56 de la LFCE se resumen en algún acto, convenio, contrato, procedimiento o combinación que:

- Fijen, impongan o establezcan una distribución exclusiva de bienes o servicios, o la obligación de no fabricarlos, ya sea por razón de sujeto, situación geográfica o periodos de tiempo determinados;
- Impongan precios;
- Condicionen la compra, adquisición, venta o proporcionar otro bien o servicio;
- Accionen unilateralmente a rehusarse a vender, comercializar o proporcionar productos o servicios a personas determinadas;
- Se reúnan para ejercer presión a otro Agente Económico para que actúe de una manera determinada.
- Asimismo, en el supuesto de que uno o más Agentes Económicos tengan poder sustancial en el mercado en que se realiza la práctica y cuando se desplace indebidamente a Agentes Económicos de algún mercado o se les impida el acceso.

Las sanciones derivadas de las prácticas monopólicas relativas son:

Tabla: Sanciones a las prácticas monopólicas relativas.[2]			
Sanción administrativa	Por haber incurrido en una práctica monopólica relativa	Multa hasta por el equivalente al 8% de los ingresos del Agente Económico.	127, fracción V, de la LFCE

2 Elaboración propia. Fuente: Ley Federal de Competencia Económica.

	Por haber participado directa o indirectamente en prácticas monopólicas relativas, en representación o por cuenta y orden de personas morales	- Multa hasta por el equivalente a doscientas mil veces la UMA. - Inhabilitación para ejercer cargos directivos y de representación de una persona moral hasta por cinco años.	127, fracción X, de la LFCE.
	Por haber coadyuvado, propiciado o inducido la comisión de prácticas monopólicas relativas	Multa hasta por el equivalente a ciento ochenta mil veces la UMA.	127, fracción XI, de la LFCE
Sanción correctiva	Por haber incurrido en una práctica monopólica relativa	Ordenar la corrección o supresión de la práctica monopólica relativa	127, fracción I, de la LFCE
	En caso de que se actualice la denegación de acceso prevista en el artículo 56, fracción XII, de la LFCE.	Se podrá ordenar medidas para regular el acceso a los Insumos Esenciales.	127, fracción VI, de la LFCE

Ahora bien, conforme al artículo 61 de la LFCE, una concentración es la fusión, adquisición del control o cualquier acto por virtud del cual se unan sociedades, asociaciones, acciones, partes sociales, fideicomisos o activos en general que se realice entre competidores, proveedores, clientes o cualesquiera otros Agentes Económicos. Una concentración ilícita, conforme al artículo 62 de la LFCE, es aquélla que tenga por objeto o efecto obstaculizar, disminuir, dañar o impedir la libre concurrencia o la competencia económica. Ello, independientemente de si debía o no ser notificada. El artículo 63 de la LFCE señala los elementos que deben considerarse para determinar si una concentración es ilícita y debe ser sancionada, entre ellos: el grado de concentración, sus efectos en el mercado relevante, y si incidía favorablemente o no en el proceso de competencia y libre concurrencia.

Las sanciones derivadas de una concentración ilícita son:

Tabla: Sanciones para concentraciones ilícitas.[3]			
Sanción administrativa	Por haber incurrido en una concentración ilícita.	Multa hasta por el equivalente al 8% de los ingresos del Agente Económico.	127, fracción VII, de la LFCE
	Por haber participado directa o indirectamente en una concentración ilícita, en representación o por cuenta y orden de personas morales.	- Multa hasta por el equivalente a doscientas mil veces la UMA. - Inhabilitación para ejercer cargos directivos y de representación de una persona moral hasta por cinco años.	127, fracción X, de la LFCE.
	Por haber coadyuvado, propiciado o inducido en la comisión de una concentración ilícita.	Multa hasta por el equivalente a ciento ochenta mil veces el SMGDVDF.	127, fracción XI, de la LFCE
Sanción correctiva	Por haber incurrido en una concentración ilícita.	Ordenar la corrección o supresión de la práctica monopólica relativa	127, fracción I, de la LFCE
		Ordenar la desconcentración parcial o total de una concentración ilícita, la terminación del control o la supresión de los actos, según corresponda.	127, fracción II, de la LFCE

Al respecto, conforme a los artículos 100, 101 y 102 de la LFCE, existe la posibilidad de que se aplique una reducción o una dispensa por incurrir en alguna práctica monopólica relativa o concentración ilícita. El procedimiento la solicita el agente económico infractor por una sola ocasión antes de que se emita dictamen de probable responsabilidad (etapa previa antes de que se envíe a resolución del Pleno), siempre y cuando acredite:

---

3 Elaboración propia. Fuente: Ley Federal de Competencia Económica.

- Su compromiso de suprimir, suspender o corregir la práctica o concentración sobre la que verse el asunto, con la finalidad principal de reestablecer la competencia económica y libre concurrencia.
- Los medios para cumplir sus compromisos, los cuales deben ser viables e idóneos tanto jurídica como económicamente con el fin de dejar sin efectos o evitar llevar a cabo la práctica monopólica relativa o concentración ilícita, señalando los plazos y términos en los que realizará su comprobación.

Lo anterior, sin perjuicio de las acciones que pudieran ejercer terceros afectados que reclamen daños y perjuicios derivados de la responsabilidad civil por la realización de la práctica monopólica relativa o concentración ilícita revelada a la Comisión.

En caso de incumplimiento de estos compromisos, el artículo 127, fracción XII, de la LFCE señala que se podrá establecer una multa por el equivalente al ocho por ciento de los ingresos del agente económico.

b. Sanción por el incumplimiento de las medidas correctivas de un procedimiento especial: Como herramienta de investigación se encuentra el procedimiento especial de barreras a la competencia e insumos esenciales a que se refiere el artículo 94 de la LFCE. De acuerdo con el artículo 3, fracción IV, de la LFCE, las barreras a la competencia son cualquier característica estructural del mercado, hecho o acto de los Agentes Económicos que tenga por objeto o efecto impedir el acceso de competidores o limitar su capacidad para competir en los mercados; que impidan o distorsionen el proceso de competencia y libre concurrencia, así como las disposiciones jurídicas emitidas por cualquier orden de gobierno que indebidamente impidan o distorsionen el proceso de competencia y libre concurrencia. Por otro lado, si bien la LFCE no define qué es un insumo esencial pero sí establece cuáles son los elementos que deben considerarse para determinar un insumo esencial en el artículo 60 de la LFCE, entre ellos: el primero consiste en identificar si el insumo es controlado por uno o varios agentes económicos con poder sustancial o que se determinen como preponderantes; el segundo supuesto ocurre si no es viable la reproducción del insumo; también si dicho insumo resulta esencial para proveerse de bienes o servicios en uno o varios mercados y no existieran sustitutos cercanos; finalmente, deben tenerse en cuenta las circunstancias que propiciaron que los Agentes Económicos controlaran los insumos.

En general, los insumos esenciales son el conjunto de elementos (infraestructura, redes, derechos, entre otros) que son primordiales para la producción de otros bienes o servicios. Los insumos esenciales tienen como característica el ser insustituibles o irreproducibles, y permitir su uso genera eficiencias en el mercado.

Cabe precisar que, conforme al artículo 57 de la LFCE, la naturaleza del procedimiento especial de barreras la competencia e insumos esenciales de carácter correctivo, es decir, no traen aparejada una multa como sanción. De acuerdo con el artículo 94, fracción VII, inciso a), de la LFCE las medidas correctivas que se pueden emitir para restablecer las condiciones de competencia en el mercado investigado pueden ser:

- Recomendaciones para las Autoridades Públicas.
- Orden al Agente Económico correspondiente para eliminar la barrera que afecta indebidamente el proceso de libre concurrencia y competencia.
- La determinación sobre la existencia de insumos esenciales y lineamientos para regularlo, tales como las modalidades de acceso, precios o tarifas, condiciones técnicas y calidad.

- La desincorporación de activos, derechos, partes sociales o acciones del Agente Económico involucrado, en las proporciones necesarias para eliminar los efectos anticompetitivos, cuando las otras medidas correctivas no sean suficientes para solucionar el problema de competencia identificado. Se aclara que esta medida de desincorporación no constituye la sanción a que se refiere el artículo 131 de la LFCE.

Si bien el procedimiento especial contempla sanciones correctivas, conforme al artículo 127, fracción XIV, de la LFCE, en caso de incumplimiento, es decir, en caso de no cumplir con la regulación establecida para el insumo esencial, o bien, en caso de que no se obedezca la orden de eliminar la barrera a la competencia, se impondrá una multa hasta el equivalente al 10% de los ingresos del agente económico.

c. Medias de apremio y sanción por mal manejo de información o declaraciones falsas: Para la debida sustanciación de las investigaciones por conductas anticompetitivas, y las investigaciones de barreras a la competencia e insumos esenciales, los servidores públicos adscritos a las a autoridades de competencia (COFECE o IFT), podrán emitir requerimientos de información, citatorios, realizar visitas de verificación, los cuales son actos de molestia y conllevan a atender la garantía de legalidad, es decir, requiere llevarse a cabo a través de mandamiento escrito de la autoridad competente, debidamente fundado y motivado.

Ahora bien, con la finalidad de que la Autoridad Investigadora obtenga todos y los mejores elementos disponibles para determinar si se está en presencia de una conducta anticompetitiva o falla del mercado, y para que no se incurra en actuaciones u omisiones que tiendan a entorpecer o dilatar cualquiera de los procedimientos tramitados ante la Comisión, además de las sanciones previstas en artículo 127 de la LFCE, se podrá hacer uso de las medidas de apremio previstas para el artículo 126 de la LFCE.

i) apercibimiento,

ii) multa hasta por el importe del equivalente a tres mil veces la UMA, cantidad que podrá aplicarse por cada día que transcurra sin cumplirse con lo ordenado.

iii) el auxilio de la fuerza pública o de otras autoridades públicas, y

iv) arresto hasta por 36 horas.

En ese sentido, la imposición de sanciones para las herramientas de investigación es:

Tabla: Imposición de sanciones para las herramientas de investigación.[4]

	Supuesto	Sanción	Fundamento legal
Requerimiento de información	Por haber entregado información falsa	Multa hasta por el equivalente a ciento setenta y cinco mil veces la UMA.	Artículo 127, fracción III, de la LFCE.
	Por no dar cumplimiento (contestar las preguntas) del requerimiento de información	Multa hasta por el importe del equivalente a tres mil veces la UMA, cantidad que podrá aplicarse por cada día que transcurra sin cumplirse con lo ordenado.	Artículo 126, fracción II, de la LFCE.
Citatorios	Por haber declarado falsamente	Multa hasta por el equivalente a ciento setenta y cinco mil veces la UMA.	Artículo 127, fracción III, de la LFCE.

4 Elaboración propia. Fuente: Ley Federal de Competencia Económica.

	Por no dar cumplimiento a la citación a comparecer, es decir, en caso de no presentarse en el día, hora y lugar señalado	Multa hasta por el importe del equivalente a tres mil veces la UMA, cantidad que podrá aplicarse por cada día que transcurra sin cumplirse con lo ordenado.	Artículo 126, fracción II, de la LFCE.
	Al que interrogado por alguna autoridad pública distinta de la judicial en ejercicio de sus funciones o con motivo de ellas, faltare a la verdad	Cuatro a ocho años de prisión y de cien a trescientos días multa.	Artículo 247 del Código Penal Federal (Incidente de Falsedad de Declaraciones).
Visita de verificación	Por alterar, destruir o perturbar de forma total o parcial documentos, imágenes o archivos electrónicos, en la práctica de una visita de verificación	Prisión por un plazo de uno a tres años y multa de quinientos a cinco mil veces la UMA.	254 bis 1 del Código Penal Federal
	Por no dar acceso a sus instalaciones para llevar a cabo la visita de verificación	Medida de apremio consistente en el auxilio de la fuerza pública.	Artículo 126, fracción III, de la LFCE.

En todos los casos se pueden emitir los apercibimientos, es una especie de advertencia, por ejemplo, en términos del artículo 120, en relación con la fracción I del artículo 126, se puede apercibir que, en caso de negarse a proporcionar la información requerida se adoptará la resolución correspondiente con base en los hechos de que tenga conocimiento, así como en la información y medios de convicción disponibles.

En el procedimiento seguido en forma de juicio también se contemplan los apercibimientos, un ejemplo derivado de las Disposiciones de la COFECE, es que una vez ordenada la diligencia, si se advierte que el domicilio o el nombre del testigo o perito son incorrectos o inciertos, por una sola ocasión, prevendrá al oferente a efecto de que señale nuevo domicilio o corrija el nombre del testigo o perito, con la finalidad de desahogar la prueba ofrecida, bajo el apercibimiento que, en caso de resultar incorrecto o incierto nuevamente, se tendrá por desierta la prueba.

Respecto a la imposición de la mula como media de apremio, para su imposición se toma en cuenta la contradicción de tesis 17/2004-PL donde el Pleno de la Suprema Corte de Justicia de la Nación estableció jurisprudencialmente que para analizar la gravedad o levedad de la infracción cometida es menester tomar en cuenta los siguientes elementos: 1) la reincidencia, 2) la afectación, 3) la capacidad económica del infractor, y 4) cualquier otro elemento que considere necesario para justificar la levedad o gravedad de la infracción.

d. Sanción por incumplir una medida cautelar: De acuerdo con los artículos 135 y 136 de la LFCE, la Autoridad Investigadora en cualquier momento podrá solicitar medidas cautelares cuando lo considere necesario para evitar un daño de difícil reparación o asegurar la eficacia del resultado de la investigación o procedimiento. La caución deberá ser bastante para reparar el daño, las cuales pueden ser:

- Órdenes de suspensión de los actos constitutivos de las probables conductas prohibidas por la LFCE.
- Órdenes de hacer o no hacer cualquier conducta relacionada con la materia de la denuncia o investigación.
- Procurar la conservación de la información y documentación.
- Las demás que se consideren necesarias o convenientes.

En caso de incumplimiento de una medida cautelar se impondrá una multa equivalente al diez por ciento de los agentes económicos, de conformidad con el artículo 127, fracción XV, de la LFCE.

e. Sanción por no haber notificado una concentración cuando legalmente debió hacerse: Conforme a lo señalado en el Capítulo I, "Del Procedimiento de Notificación de Concentraciones" de la LFCE, cuando con motivo de una concentración se superan ciertos umbrales deberán notificarse antes de que se lleven a cabo.

Así, en caso de que no se haya notificado una concentración cuando legalmente debió hacerse, se impondrá una multa de cinco mil veces la UMA, de conformidad con el artículo 127, fracción VIII, de la LFCE. De igual manera, los fedatarios que hayan intervenido en los actos relativos a una concentración no autorizada, se impondrá una multa de hasta el equivalente a ciento ochenta mil veces la UMA.

f. Sanción de desincorporación: De conformidad con el artículo 131 de la LFCE, cuando la infracción sea cometida por quien haya sido sancionado previamente por la realización de prácticas monopólicas o concentraciones ilícitas, la Comisión considerará los elementos a que hace referencia el artículo 130 de la LFCE y en lugar de la sanción que corresponda, podrá resolver la desincorporación o enajenación de activos, derechos, partes sociales o acciones de los Agentes Económicos, en las porciones necesarias para eliminar efectos anticompetitivos. Para ello, la Comisión deberá incluir un análisis económico que justifique la imposición de dicha medida, señalando los beneficios al consumidor.

En razón de lo señalado en el párrafo anterior, se entenderá que el infractor ha sido sancionado previamente cuando: I. Las resoluciones que impongan sanciones hayan causado estado, y II. Al inicio del segundo o ulterior procedimiento exista resolución previa que haya causado estado, y que entre el inicio del procedimiento y la resolución que haya causado estado no hayan transcurrido más de diez años. De igual manera se considerará que las sanciones impuestas por una pluralidad de prácticas monopólicas o concentraciones ilícitas en un mismo procedimiento se entenderán como una sola sanción.

Respecto a la sanción de desincorporación, los Agentes Económicos tendrán derecho a presentar programas alternativos de desincorporación antes de que la Comisión dicte la resolución respectiva.

Finalmente, es importante aclarar que la resolución relativa a la desincorporación de activos a que se refiere el artículo 94 de la LFCE no constituye la sanción a que se refiere el artículo 131 de esta Ley.

Imposición de sanciones

El artículo 130 de la LFCE señala los elementos que la COFECE deberá considerar en la imposición de multas para determinar la gravedad de la infracción. A saber: daño causado; los indicios de intencionalidad; la participación del infractor en los mercados; el tamaño del mercado afectado; la duración de la práctica o concentración; así como su capacidad económica; y, en su caso, la afectación al ejercicio de las atribuciones de la Comisión.

De acuerdo con el artículo 127 de la LFCE, en caso de reincidencia, se podrá imponer una multa hasta por el doble de la que se hubiera determinado por la Comisión. Se considerará reincidente al que: a) habiendo incurrido en una infracción que haya sido sancionada, realice otra conducta prohibida por la LFCE, independientemente de su mismo tipo o naturaleza; b) Al inicio del segundo o ulterior procedimiento exista resolución previa que haya causado estado, y c) Que entre el inicio del procedimiento y la resolución que haya causado estado no hayan transcurrido más de diez años.

Referencias

Mota, Massimo. Política de competencia. Teoría y práctica. Traducido por Carmen Praget. Ciudad de México: Fondo de Cultura Económica, 2018.

Ramírez Hernández, Ricardo. Manual de derecho económico. Ciudad de México: Fondo de Cultura Económica, 2018.

UNIDAD 9
Criterios jurisdiccionales

ARTURO GONZÁLEZ JIMÉNEZ[1]

9.1 JUZGADOS DE DISTRITO EN MATERIA ADMINISTRATIVA, ESPECIALIZADOS EN COMPETENCIA ECONÓMICA, RADIODIFUSIÓN Y TELECOMUNICACIONES

9.1.1 Naturaleza y Objeto

A partir de las reformas que en materia de competencia económica y telecomunicaciones se dieron a nivel constitucional en los años noventa del siglo pasado, que vinieron a dar certeza entre el Estado y los particulares, de garantizar la libre competencia y concurrencia económica, además de prevenir las prácticas monopólicas en el ramo. Todo ello con la intención, además, de darle la certeza jurídica a los principios constitucionales de los artículos sexto, apartado B, y, el derecho a la libertad de escribir y publicar escritos e información en cualquier materia que garantizara el artículo séptimo constitucional.

---

[1] Licenciado en Derecho por la Facultad de Derecho de la Universidad Nacional Autónoma de México, con mención honorifica. Maestro en Derecho por el Centro de Estudios Avanzados de las Américas. Profesor en la Facultad de Derecho UNAM desde 1991, por oposición definitiva. Autor de: "Comentarios a la Ley de Responsabilidades Administrativas de los Servidores Públicos". Apuntes de Teoría General del Estado". Actualmente se desempeña como Magistrado en materia Administrativa y Fiscal en el Tribunal de Justicia Administrativa de la Ciudad de México

Como consecuencia de ello, se empezaron a generar controversias jurisdiccionales entre el Estado y los agentes económicos que por un lado generaron confusión ya que al existir diversos mecanismos de impugnación y tribunales federales para conocer de los mismos, origino por un lado, se combatieron en la vía contenciosa administrativa ante el entonces tribunal federal de justicia fiscal y administrativa (hoy tribunal de justicia administrativa), mediante el juicio de nulidad, con la posibilidad que o bien llegara a los tribunales federales del Poder Judicial de la Federación, vía amparo directo o revisión contenciosa administrativa, en contra de la sentencia de nulidad dictada en el juicio contencioso administrativo,

Desde luego que el trámite del juicio de nulidad ante el tribunal federal de justicia fiscal y administrativa, cabía la posibilidad de que de conformidad a lo que disponían las reglas procesales del Código Fiscal de la Federación[2] hasta el año 2005 y posteriormente la Ley Federal del Procedimiento Contencioso Administrativo[3] vigente a partir del 2006, se pudiera conceder o negar la medida cautelar de la suspensión del acto reclamado, como lo previene el actual artículo 28 de esta última norma adjetiva federal y que, esta solo podrá ser modificada o revocada por el Magistrado instructor que hubiere otorgado la suspensión, sin que exista recurso legal ordinario que interponer contra esa resolución incidental (si fuera el caso del particular que fuera beneficiado con esa suspensión, subsistiría hasta el dictado de la sentencia definitiva lo que hacía que la autoridad demandada, estuviera atada de manos para poder controvertir la resolución del Magistrado instructor). Pero también cabía la posibilidad que el particular ocurriera vía amparo indirecto ante los juzgados de distrito en materia administrativa, para impugnar las resoluciones de los organis-

---

2 Código Fiscal de la Federación, artículos 197 a 263.

3 Ley Federal del Procedimiento Contencioso Administrativo, 2017.

mos relacionados con más materia de competencia económica, radiodifusión y telecomunicaciones, y que en ese juicio se les concediera igualmente la suspensión del acto reclamado y que aunque pudiera ser objeto de recursos de queja o revisión (según fuera suspensión provisional o definitiva) ante los tribunales colegiado de circuito.

La cuestión de criterios y vías jurisdiccionales diversas y no oponibles entre sí por el principio de la definitividad, vino a constituir un dique que utilizaban los agentes económicos para controvertir jurisdiccionalmente deteniendo en gran parte, las funciones de los órganos estatales.

Así las cosas, en el año del 2013, se adiciona el artículo 28 de la Constitución Federal[4] por el constituyente permanente tanto la Comisión Federal de Competencia Económica (COFECE) y el Instituto Federal de Telecomunicaciones (IFT) , como órganos autónomos , con personalidad jurídica y patrimonio propios, así como juzgados de distrito y tribunales colegiados de circuito en materia administrativa especializados en competencia económica, radiodifusión y telecomunicaciones , con competencia y jurisdicción en el entonces Distrito Federal, hoy Ciudad de México, creando así un solo camino jurídico para controvertir jurisdiccionalmente las resoluciones de estos órganos reguladores autónomos y algo que resulta muy importante, que solo el juicio de amparo indirecto ante los recién creados juzgados de distrito especializados sea la única vía judicial para combatir esas resoluciones y otro punto a destacar y que continua vigente tanto en la fracción VII del artículo 28 constitucional, que era improcedente la suspensión del acto reclamado en este tipo de juicios, situación que derivo de las experiencias que se habían tenido en años previos a la reforma

---

4 Constitución Política de los Estados Unidos Mexicanos, articulo 28.

a la Constitución del 2013 y que por supuesto, es debatible tanto en el foro como en la academia.

Quedo entonces plasmado por el constituyente permanente los siguientes puntos.

I.- Existencia de órganos autónomos federales especializados reguladores en materia de competencia económica, radiodifusión y telecomunicaciones, COFECE e IFT.

II.- Que las resoluciones que en esas materias emitieras esos organismos autónomos, solo podrían combatirse judicialmente vía amparo indirecto ante los también recién creados con esa reforma constitucional, vía acuerdo del Poder Judicial de la Federación, de juzgados de distrito y tribunales colegiados de circuito en materia administrativa especializados en competencia económica, radiodifusión y telecomunicaciones, con sede en entonces Distrito Federal y jurisdicción en toda la República Mexicana.(En el año 2021, con la reforma constitucional que tuvo el Poder Judicial de la Federación, se crearon además, mediante acuerdo del Pleno del Consejo de la Judicatura Federal, los tribunales colegiados de apelación en materia civil, administrativa y especializados en competencia económica, radiodifusión y telecomunicaciones, con sede también en la Ciudad de México y jurisdicción en toda la República Mexicana).

III.- Que en materia del juicio de amparo promovidos por los agentes económicos contras las determinaciones de la COFECE e IFT, respectivamente, no procedía la medida cautelar de la suspensión del acto reclamado.

9.1.1 Naturaleza y objeto.

Mediante los Acuerdos Generales, 22/2013[5], de agosto del 2013, 15/2021[6] de octubre del 2021- y, 30/2022, de octubre del 2022[7], todos del Pleno del Consejo de la Judicatura Federal (órgano encargado de la administración, vigilancia y disciplina del Poder Judicial de la Federación,) se crearon derivados de la reforma constitucional del 2013, así como de las propias que en estructura, competencia y facultades tuvo el Poder Judicial de la Federación a su respectiva Ley Orgánica, se crearon primeramente dos juzgados de distrito y dos tribunales colegiados de circuito en materia administrativa especializados en competencia económica, radiodifusión y telecomunicaciones, que tendrían competencia especializadas y jurisdicción en todo el territorio nacional. A partir de octubre del 2021, se creó el tercer juzgado de distrito en materia administrativa especializado en competencia económica, radiodifusión y telecomunicaciones, igualmente con residencia en la Ciudad de México y jurisdicción en toda la República Mexicana. También a partir del año 2022, la creación y funcionamiento de los tribunales colegiados de apelación primero y segundo en materia civil, administrativa y especializados en competencia económica, radiodifusión y telecomunicaciones, con sede en la Ciudad de México y jurisdicción en las dos primeras materias, en la misma Ciudad de México solamente y en toda la República Mexicana en la competencia especializada.

Por ende, tanto los juzgados de distrito en materia administrativa especializados en competencia económica, radiodifusión y telecomunicaciones, los tribunales colegiados de apelación en lo que concierne a su especialización en competencia

---

5 Diario Oficial de la Federación, agosto 2013.

6 DOF, octubre 2015.

7 DOF, noviembre 2022.

económica, radiodifusión y telecomunicaciones y los tribunales colegiados de circuito en materia administrativa especializados en competencia económica, radiodifusión y telecomunicaciones, no solo forman parte del Poder Judicial de la Federación, con competencia especifica en amparo en materia administrativa especializada, que garantiza que no solo se cumplan las formalidades esenciales del procedimiento , el acceso a la justicia, la imparcialidad, objetividad, en los juicios de amparo sometidos a su conocimiento. Además es importante asentar que la especialización , ante los cada vez más complejos temas que se generan en la creación y aplicación del Derecho, específicamente del administrativo, como lo son las materias ambientales, responsabilidades, buena administración, aseguran en mi opinión, que el juzgador al resolver los asuntos sometidos a su conocimiento, como lo hacen los especializados en otras materias , laboral, civil, penal, se cumple con un principio esencial de la impartición de la justicia: aplicación del conocimiento, experticia, eficiencia, calidad, prontitud, eficacia, al dictado de la sentencia respectiva.

9.1.2. Facultades y atribuciones.

Los juzgados de distrito en materia administrativa especializados en competencia económica, radiodifusión y telecomunicaciones, tienen las siguientes facultades que les otorga esencialmente el artículo 28 constitucional[8], fracción VII:

"VII. Las normas generales, actos u omisiones de la Comisión Federal de Competencia Económica y del Instituto Federal de Telecomunicaciones podrán ser impugnados únicamente mediante el juicio de amparo indirecto y no serán objeto de suspensión. Solamente en los casos en que la Comisión Federal

8 Constitución Política de los Estados Unidos Mexicanos, articulo 28

de Competencia Económica imponga multas o la desincorporación de activos, derechos, partes sociales o acciones, éstas se ejecutarán hasta que se resuelva el juicio de amparo que, en su caso, se promueva. Cuando se trate de resoluciones de dichos organismos emanadas de un procedimiento seguido en forma de juicio sólo podrá impugnarse la que ponga fin al mismo por violaciones cometidas en la resolución o durante el procedimiento; las normas generales aplicadas durante el procedimiento sólo podrán reclamarse en el amparo promovido contra la resolución referida. Los juicios de amparo serán sustanciados por jueces y tribunales especializados en los términos del artículo 94 de esta Constitución. En ningún caso se admitirán recursos ordinarios o constitucionales contra actos intraprocesales;"

Por su parte, el artículo 57 de la Ley Orgánica del Poder Judicial de la Federación[9]: aclarando que solo algunas son específicas de conocimiento de los juzgados especializados.

"Artículo 57. Las y los jueces de distrito en materia administrativa conocerán:

I. De las controversias que se susciten con motivo de la aplicación de las leyes federales, cuando deba decidirse sobre la legalidad o subsistencia de un acto de autoridad o de un procedimiento seguido por autoridades administrativas;

II. De los juicios de amparo que se promuevan conforme a la fracción VII del artículo 107 de la Constitución Política de los Estados Unidos Mexicanos, contra actos de la autoridad judicial en las controversias que se susciten con motivo de la aplicación de leyes federales o locales, cuando deba decidirse sobre la legalidad o subsistencia de un acto de autoridad administrativa o de un procedimiento seguido por autoridades del mismo orden;

---

[9] Ley Orgánica del Poder Judicial de la Federación, Editorial ISEF, México, 2023, p.18

III. De los juicios de amparo que se promuevan contra leyes y demás disposiciones de observancia general en materia administrativa, en los términos de la Ley de Amparo, Reglamentaria de los artículos 103 y 107 de la Constitución Política de los Estados Unidos Mexicanos;

IV. De los juicios de amparo que se promuevan contra actos de autoridad distinta de la judicial, salvo los casos a que se refieren las fracciones II del artículo 51 y III del artículo anterior en lo conducente;

V. De los amparos que se promuevan contra actos de tribunales administrativos ejecutados en el juicio, fuera de él o después de concluido, o que afecten a personas extrañas a juicio, y

VI. De las denuncias por incumplimiento a las declaratorias generales de inconstitucionalidad emitidas por la Suprema Corte de Justicia de la Nación respecto de normas generales en materia administrativa, en términos de la Ley de Amparo, Reglamentaria de los artículos 103 y 107 de la Constitución Política de los Estados Unidos Mexicanos."

En cuanto a la primera fracción de este artículo, está relacionada con el amparo contra leyes federales que se apliquen en concreto por una autoridad administrativa como puede ser la COFECE o IFT, o bien, en un procedimiento administrativo seguido antes estos órganos administrativos. Está relacionado este artículo también con los artículos 312 y 315 de la ley Federal de Telecomunicaciones y Radiodifusión[10] y fracciones II y III del artículo 107 de la Ley de Amparo[11]. En cuanto a las fracciones II y III de esta última normatividad, en estos casos, cuando lo que se combate en el juicio de derechos humanos son actos administrativos que se desarrollan en sede administrativa

---

10 Ley Federal de Telecomunicaciones y Radiodifusión, artículos 312 y 315.

11 Ley de Amparo, artículo 107.

como en este caso son ante la Comisión Federal de Competencia Económica o el Instituto Federal de Telecomunicaciones, ya sea que el acto reclamado sea una omisión o acción , o bien, la resolución definitiva que ponga fin a las controversias administrativas seguidas en forma de juicio y que en ese procedimiento administrativo(que es en esencia un acto administrativo) se haya cometido alguna violación procesal por la cual se haya quedado sin defensa el particular y por ende sin defensa trascendiendo al fondo del asunto.

La Ley actual de Amparo, además de que introdujo una causal más de procedencia del amparo administrativo que anteriormente se reservaba para los actos de tribunales judiciales, administrativos o del trabajo: los actos de imposible reparación que como la propia Ley señala son los que afectan materialmente los derechos humanos que tanto la Constitución Política como los tratados internacionales consignan en favor de los justiciables-

Estos actos de imposible reparación podrían darse durante la sustanciación del procedimiento administrativo incluso antes que se resuelva el mismo, lo que, en mi opinión, debería de ser generador de algún amparo pues en eso radica la cuestión de la imposibilidad, si no se combaten, generalmente se hacen imposibles de resolver en vía ordinaria. La diferencia con las violaciones procesales que pueden ser de difícil pero no imposible reparación, son las que de conformidad a las leyes administrativas que rigen el procedimiento, contengan algún medio de impugnación con los cuales se pueda reparar en la propia sede administrativa las citadas violaciones.

Las de imposible reparación (al igual que las que se contienen en las resoluciones de los jueces en general en sus juicios a su cargo) son las cometidas durante el desarrollo del procedimiento y que de no impugnarse cuando la autoridad administrativa las acuerde dentro del mismo, cuando resuelva este, no se va a referir a esas violaciones por haberse consentido pero que además, afectan derechos fundamentales.

Si bien la razón del legislador es evitar la presentación excesivas de demanda de amparo por actos qué no constituyan afectación a derechos sustantivos fundamentales, y que, en este caso particular son de la competencia de los juzgados de distrito en materia administrativa especializados en competencia económica, radiodifusión y telecomunicaciones, no conocen por cuestión constitucional del amparo directo que solo procede contra sentencias definitivas dictadas por tribunales civiles, administrativos o del trabajo y que por exclusión son competencia de los tribunales colegiados de circuito. Luego entonces, es que se permiten los juzgados de distrito conozcan de estas violaciones en la resolución definitiva del procedimiento administrativo.

Sirva para comprender el alcance los actos de imposible reparación el siguiente criterio de jurisprudencia por contradicción:

> Suprema Corte de Justicia de la Nación[12]
>
> ACTOS DE IMPOSIBLE REPARACIÓN. EL ARTÍCULO 107, FRACCIÓN V, DE LA LEY DE AMPARO, AL DEFINIR EL CONCEPTO DE IRREPARABILIDAD DE FORMA GENERAL Y ABSTRACTA, SIN REALIZAR ALGUNA DISTINCIÓN EN PERSONAS DETERMINADAS, NO TRANSGREDE EL PRINCIPIO DE IGUALDAD.
>
> Hechos: El Juzgado de Distrito desechó la demanda de amparo promovida contra una sentencia de la Sala civil, que resolvió el recurso de apelación interpuesto contra el auto que tuvo por perdido el derecho de un codemandado a dar contestación a la demanda y abrió la dilación probatoria por cuarenta días en un juicio ordinario mercantil, lo anterior, por advertir que se surtió de manera manifiesta e indudable la causal de improcedencia prevista en el artículo 61, fracción XXIII, en concordancia con el diverso 107, fracción V, de la Ley de Amparo, interpretado a contrario sensu, por considerar que el citado acto no era de imposible reparación. Determinación que fue impugnada por la

---

12 Tesis 1.6 o.C.3:K811a) Gaceta del Semanario Judicial de la Federación, Undécima Época, Reg. 202526, Libro 17, Tomo V, Septiembre 2022, p. 5024

parte quejosa mediante el recurso de queja, en donde, entre otras cosas, planteó la inconstitucionalidad del último precepto legal.

Criterio jurídico: Este Tribunal Colegiado de Circuito determina que la fracción V del artículo 107 de la Ley de Amparo, al definir el concepto de irreparabilidad de forma general y abstracta, sin realizar alguna distinción en personas determinadas, no transgrede el principio de igualdad.

Justificación: Lo anterior, porque conforme a la interpretación efectuada por los tribunales federales del artículo 114, fracción IV, de la Ley de Amparo, abrogada por decreto publicado en el Diario Oficial de la Federación el 2 de abril de 2013, por actos de imposible reparación debían comprenderse dos supuestos, por un lado, aquellos que por sus consecuencias afectaban de manera directa e inmediata alguno de los derechos sustantivos previstos en la Constitución General, ya que la afectación no podría repararse aun obteniendo sentencia favorable en el juicio, por haberse consumado irreversiblemente la violación del derecho fundamental de que se trate y, por otro, cuando sus consecuencias afectaban a las partes en grado predominante o superior; sin embargo, dicha interpretación no puede operar al tenor del texto previsto en el artículo 107, fracción V, de la citada ley en vigor, respecto del segundo supuesto, ya que esta disposición no lo establece y constituye el sustento de la definición actual de los actos de imposible reparación, entendiéndose solamente los que afectan materialmente derechos sustantivos tutelados en la Constitución Política de los Estados Unidos Mexicanos y en los tratados internacionales de los que el Estado Mexicano sea Parte. En estas condiciones, el hecho de que el artículo 107, fracción V, de la Ley de Amparo defina el concepto de irreparabilidad de forma general y abstracta, sin realizar alguna distinción en personas determinadas, no puede considerarse como una transgresión al principio de igualdad, pues la medida legislativa se depositó inicialmente en el artículo 107 constitucional, que establece la procedencia del amparo indirecto cuando se reclamen actos cuyos efectos sean de imposible reparación.

SEXTO TRIBUNAL COLEGIADO EN MATERIA CIVIL DEL PRIMER CIRCUITO.

Queja 193/2021. Alumnos 47 Holdings, S. de R.L. de C.V. 12 de noviembre de 2021. Unanimidad de votos. Ponente: Carlos Manuel Padilla Pérez Vertti. Secretario: Martín Sánchez y Romero.

En la fracción III del artículo en comento, encontramos el caso del amparo contra leyes administrativas y que, si es competencia de los juzgados especializados. En el caso de la fracción IV, las autoridades distintas a las judiciales son las administrativas y por supuesto que tendrían competencia para conocer de amparos en esta materia por ser los órganos autónomos COFECE e IFT, de corte administrativo. Pero, en el caso de la V fracción, no aplicaría pues los tribunales administrativos como es el tribunal federal de justicia administrativa, no es competente para conocer de controversias en materia de competencia económica, radiodifusión y telecomunicaciones. Y por lo que respecta al conocimiento de las denuncias de incumplimiento a declaratorias de inconstitucionalidad emitidas por la Suprema Corte de Justicia de la Nación en materia administrativa, si tiene competencia. Incluso pues se ha dictado la declaratoria general número 6/2017, por la Segunda Sala de la Suprema Corte de Justicia de la Nación, donde se declara la inconstitucionalidad del artículo 298, inciso B), fracción IV, de la Ley Federal de Telecomunicaciones y Radiodifusión, en la porción normativa 'de 1%', con los alcances establecidos en el último considerando de esta resolución y con efectos generales que se surtirán a partir de la notificación de estos puntos resolutivos al Congreso de la Unión.[13]

En cuanto a la competencia de los recién creados tribunales colegiados de apelación en materias civil, administrativa y especializados en competencia económica, radiodifusión y telecomunicaciones, del primer circuito, de conformidad a lo que establece el acuerdo general 30/2022, del Pleno del Consejo

---

13 DOF, Segunda Sección, 2 abril, 2019.

de la Judicatura Federal, que creo estos tribunales, tendrán la competencia que los artículos 35,39 y 57 a 60 de la Ley Orgánica del Poder Judicial de la Federación les marca y tendrán jurisdicción en toda la República Mexicana, siendo relevante destacar que conocen de amparos indirectos contra actos de otros tribunales colegiados de apelación, que no sean sentencias de amparo, sino presentados con motivo de actos que el quejoso considere le afectan sus derechos constitucionales. En este caso, se tramita bajo las reglas del juicio de amparo ante los juzgados de distrito.

Por lo que toca a la competencia y atribuciones de los tribunales colegiados de circuito especializados en materia de competencia económica, radiodifusión y telecomunicaciones, su competencia y atribuciones está en los artículos 38, fracciones V, VII y VIII; y 39 de la Ley Orgánica del Poder Judicial de la Federación este último artículo donde se plasma del derecho de crear tribunales colegiados por especialización. De manera general diremos que los tribunales colegiados de circuito especializados en la materia solo conocen en este caso, del recurso de revisión en contra de las sentencias definitivas dictadas en amparo por los jueces especializados y, regulado en los artículos 87 a 96 de la Ley de Amparo, así como del recurso de reclamación artículos 104 a 106 de la Ley de Amparo y de los impedimentos y excusas que en materia de amparo se susciten entre las y los jueces de distrito especializados.

9.2 IMPUGNACIÓN

9.2.1 Juicio de amparo

Por determinación de la reforma constitucional del 2013 al artículo 28 constitucional y con el efecto de evitar tanto la existencia de múltiples medios de impugnación de las acciones y resoluciones que en materia de competencia económica, radiodifusión y telecomunicaciones, había desde su constitucionalización en los años noventa del siglo pasado, es que se decidió por el constituyente permanente que fuera el juicio de amparo, el único medio legal de poder controvertir judicialmente las resoluciones que en estas materias emitieran los también recién creados órganos autónomos Comisión Federal de Competencia Económica y el Instituto Federal de Telecomunicaciones, situación que se reafirmó con lo dispuesto por los artículo 312, 313, 314 y 315 de la Ley Federal de Telecomunicaciones y Radiodifusión[14], que la letra indican:

"Artículo 312. Las normas generales, actos u omisiones del Instituto podrán ser impugnados únicamente mediante el juicio de amparo indirecto y no serán objeto de suspensión."

"Artículo 313. Cuando se trate de resoluciones del Instituto emanadas de un procedimiento seguido en forma de juicio sólo podrá impugnarse la que ponga fin al mismo por violaciones cometidas en la resolución o durante el procedimiento. Las normas generales aplicadas durante el procedimiento sólo podrán reclamarse en el amparo promovido contra la resolución referida."

"En ningún caso se admitirán recursos ordinarios o constitucionales contra actos intraprocesales."

"Artículo 314. Los juicios de amparo indirecto serán sustanciados por los jueces y tribunales especializados establecidos por el Consejo de la Judicatura Federal en materia de competencia, telecomunicaciones y radiodifusión."

"Artículo 315. Corresponderá a los tribunales especializados del Poder Judicial de la Federación en materia de competencia, telecomunicaciones y radiodifusión, conocer de las controversias que se susciten con motivo de la aplicación de esta Ley."

---

[14] LFTR, artículos 312 a 315

Al ser competencia exclusiva de los juzgados de distrito en materia administrativa especializados en competencia económica, radiodifusión y telecomunicaciones, el procedimiento que se sigue es el del juicio a amparo indirecto, el cual se pude tramitar por escrito o a través de los medios electrónicos habilitados por el Poder Judicial de la Federación, debiendo contar para ello con la firma electrónica (FIREL) para poder presentar este tipo de juicio en línea.

En caso de presentarse por escrito se deberán exhibir las copias suficientes para el traslado a las partes, y como en este tipo de amparo por disposición constitucional y legal no procede la medida cautelar de la suspensión del acto reclamado, no solo no sería necesario agregar en el escrito de demanda inicial un capítulo de suspensión, si además en el caso de ser presentada por escrito, de adjuntar dos copias más para apertura el incidente de suspensión por cuerda separada. Si la demanda se presenta electrónicamente no será necesario exhibir las copias de traslado.

Una de las adiciones que tuvo la vigente ley es que la ampliación de la demanda está incluida en el artículo 111 de la Ley de Amparo y podrá efectuarse en tanto no hayan transcurrido los plazos legales para su presentación (que son de quince días contados a partir de que se tiene conocimiento del acto reclamado y de treinta si es amparo contra leyes). o bien, cuando haya algún acto de autoridad emitido por la responsable y guarde estrecha relación con los que motivaron la demanda inicial. En todo caso hasta antes de la celebración de la audiencia constitucional, podría presentarse la ampliación de la demanda.

El juzgado de distrito podrá acordar lo siguiente en un término de veinticuatro horas una vez que recibió la demanda: admisión de la demanda si no encuentra alguna irregularidad.

Prevenir al quejoso si es que falta algún requisito que señala el artículo 108 de la Ley de Amparo, la demanda no es clara en la precisión del acto reclamado; si se presentó por escrito y no se acompañaron las copias de traslado de la demanda, se le da un término de cinco días hábiles para que desahogue la prevención, Si no lo hace el quejoso se tendrá por no interpuesta la demanda,

Desecharla, si al analizar la misma existe una notoria casusa de improcedencia.

Admitida la demanda y corriendo traslado a la autoridad o autoridades y al tercero interesado si es que existe, y con el señalamiento de la fecha para la celebración de la audiencia constitucional dentro d ellos treinta días siguientes, le pedía a la autoridad la rendición de su informe justificado por escrito o en medio magnético en el plazo legal de quince días hábiles, plazo al cual la autoridad responsable podría ser ampliado por otros diez días hábiles con causa justificada. Este plazo tiene una excepción, que es que tratándose de amparo contra leyes consideradas inconstitucionales por la jurisprudencia de la Suprema Corte de Justicia de la Nación o por los plenos regionales, el informe justificado se reducirá a tres días improrrogables y a la celebración de la audiencia constitucional a diez días En el caso de existir un tercero interesado, este podrá manifestar lo que en su derecho le convenga.

Rendido el informe justificado, se da vista a las partes para que manifiesten lo que consideren conveniente. Este informe justificado es muy importante pues es la oportunidad que tiene la autoridad o autoridades para defender la constitucionalidad y legalidad del acto reclamado, acompañado de las pruebas que lo justifiquen. Si el informe no se rinde en el plazo señalado solo se podrá tomar en cuenta si el quejoso tuvo la oportunidad de conocerlo. En todo caso si no se rinde, se presumirá la existencia del acto reclamado salvo prueba en contrario.

En materia administrativa cuando el acto reclamado se alegue la ausencia o indebida fundamentación y motivación, la autoridad en el momento de rendir su informe justificado deberá complementar y con ello una vez rendido el informe justificado, dar vista al quejoso para que amplíe su demanda en lo que toca solo a esta situación. En este caso se debe diferir la audiencia constitucional.

En cuanto a las pruebas, se admiten todo tipo de pruebas, excepto al confesional estas se pueden ofrecer desde el escrito inicial de demanda sobre todo tratándose de documentales. La regla es que deben ofrecerse en la de la fecha de la celebración de la constitucional, las que junto a las aportadas por la autoridad y en su caso el tercero interesado deberá acordarse su admisión o desechamiento y las admitidas desahogarse en esa audiencia constitucional. La testimoniales, periciales e inspección judicial se pueden ofrecer hasta cinco días antes de la celebración de la audiencia constitucional, adjuntando los respectivos cuestionarios e interrogatorios para los peritos y testigos, el punto y ciencia sobre la que versara su peritaje, nombre y domicilio y copia para las partes para que puedan ampliar tanto el cuestionario cómo el interrogatorio . Este plazo no podrá ampliarse salvo que se demuestre que las partes van a probar hechos desconocidos antes de la celebración de la referida audiencia

En esta audiencia se desahogan las pruebas admitidas salvo las que deban desarrollarse fuera del recinto del juzgado bien, con algún requerimiento o exhorto Las audiencias son públicas y en el caso de amparos administrativos, el juez debe en la sentencia analizar el acto reclamado considerando la fundamentación y motivación que para complementarlo haya expresado la autoridad responsable en su informe justificado. En esta audiencia se emita la sentencia respectiva que podrá ser: concediendo el amparo y protección de la justicia de la unión; sentencia de sobreseimiento, o bien, negando la protección y amparo de la justicia de la unión.

De manera general, este es el procedimiento del amparo ante el juzgado de distrito especializado en competencia económica, radiodifusión y telecomunicaciones.

Contra la sentencia de primera instancia que resuelva el amparo, en definitiva, procede el recurso de revisión mismo que es competencia de los tribunales colegiados de circuito especializados en competencia económica, radiodifusión y telecomunicaciones. Su regulación está en los artículos 81 a 96 de la Ley de Amparo, y medularmente este es su procedimiento.

1.- La legitimación procesal para interponer el recurso lo tienen las partes, el quejoso, la autoridad o autoridades responsables y el tercero o terceros interesados; en el caso de las autoridades responsables estas solo lo podrán interponer si la sentencia afecta directamente el acto de ellas reclamado en el juicio.

2.- Procede en el caso específico del amparo antes los jueces especializados, en caso de decreten sobreseimiento fuera de la audiencia constitucional, las sentencias dictadas en la audiencia constitucional que concedan nieguen el amparo o sobresean. Se presenta por escrito o en vía electrónica con la expresión de agravios que causa la resolución recurrida. Si se presenta por escrito, se deben adjuntar las copias de traslado y si es en vía electrónica no será necesario, En la expresión de agravios, es importante que se impugnen loa acuerdos que hayan sido emitidos por el juez en la audiencia y que causan agravio y perjuicio al recurrente, también podría proceder en el supuesto de la resolución incidental de reposición de autos.

3.- El plazo para interponer el recurso es de diez días hábiles por conducto del juez de distrito especializado o bien, si se trata de amparo que haya sido resuelto por el tribunal colegiado de apelación especializado, una vez que surta efectos la notificación de la sentencia que sea materia del recurso. Interpuesto el recurso y con las copias respectivas, de da cuenta a las contrapartes del escrito y en un término de tres días, se debe integrar el expediente y remitir al tribunal colegiado especializado, quien una vez que lo haya recibido, por conducto del presidente del tribunal, calificara en un plazo de tres días hábiles la procedencia del recurso y lo admitirá o desechara. Admitido que sea, se notifica a las partes y la parte que obtuvo resolución favorable, podrá adherirse al recurso interpuesto por su contra parte, dentro de plazo de cinco días contados a partir del día hábil siguiente en que surta efectos la notificación de la admisión del recurso por el tribunal colegiado de circuito expresando los agravios respectivos

Ya que haya sido admitido, se turna a la ponencia del magistrado que corresponda y deberá presentar su proyecto de resolución en un plazo máximo de noventa días.

Los tribunales colegiados de circuito especializados también podrán conocer del recurso de queja en términos de los artículos 97 a 103, en los supuestos que marca le ley y del recurso de reclamación, en términos de los artículos 104 y 105 respectivamente de la Ley de Amparo.

En cuanto a los tribunales colegiados de apelación, de conformidad a lo que establecen los artículos 35 y 36 de la Ley Orgánica del Poder Judicial de la Federación, conocerán de juicio de amparo contra actos de otro tribunal colegiado de apelación y se sustanciará en los mismos términos en que se tramita el juicio de amparo ante el juez de distrito. Por ser el juicio de garantías el único mecanismo judicial para combatir las resoluciones de competencia económica, radiodifusión y telecomunicaciones, la apelación como recurso no aplica en este proceso constitucional.

9.3 INTERPRETACIÓN JUDICIAL.

9.3.1 Criterios de la Suprema Corte de Justicia de la Nación.

El Poder Judicial de la Federación ha emitido criterios interesantes en esta materia, siendo uno de los más destacados, el emitido en estas jurisprudencias[15] sustentada entre el Pleno de Circuito en Materia Administrativa Especializado en Competencia Económica, Radiodifusión y Telecomunicaciones, con residencia en la Ciudad de México y jurisdicción en toda la República y los criterios de jurisprudencia l sustentados por el Segundo Tribunal Colegiado del Décimo Quinto Circuito, al resolver el conflicto competencial 5/2018, el sustentado por el Tercer Tribunal Colegiado del Décimo Quinto Circuito, al resolver el conflicto competencial 3/2018, el sustentado por el Cuarto Tribunal Colegiado del Décimo Quinto Circuito, al resolver el conflicto competencial 8/2018, el sustentado por el Quinto Tribunal Colegiado del Décimo Quinto Circuito, al resolver el conflicto competencial 7/2018, el sustentado por el Sexto Tribunal Colegiado del Décimo Quinto Circuito, al resolver el conflicto competencial 3/2018, y el diverso sustentado por el Tribunal Colegiado del Vigésimo Sexto Circuito, al resolver los conflictos competenciales 23/2018 y los sustentado por el Cuarto Tribunal Colegiado del Décimo Quinto Circuito, al resolver el conflicto competencial 3/2017, y el diverso sustentado por el Primer Tribunal Colegiado en Materia Administrativa del Primer Circuito, al resolver el conflicto competencial 4/2017.con la cual se vino a dar certeza en la competencia de los juzgados de distrito en materia administrativa especializados en competencia económica, radiodifusión y telecomunicaciones, en materia de tarifas de energía eléctrica u que no se ni los tribunales administrativos ni los juzgados de distrito en materia administrativa los competentes para este tipo de asuntos, así como la que resolvió el tema para un mercado abierto y competitivo de combustibles, mediante un orden jurídico

[15] Tesis 2ª/J.123/2019 (10ª), Gaceta del Semanario Judicial de la Federación, Décima Época, Reg. 2020716, Libro 71, octubre 2019, Tomo II, página 1894 y Tesis 2ª/.68/2018/10ª),Gaceta del Semanario Judicial de la Federación, Decima época, Reg. 2017325Libro 56,julio 2018, Tomo I, pagina 425,

que busca fomentar la libre competencia y concurrencia en la comercialización y expendio al público de las gasolinas y el diésel. Por tanto, de los juicios de amparo o sus recursos en los que se reclamen actos de autoridad relativos a la determinación de precios máximos al público de las gasolinas y el diésel, deberán conocer los órganos jurisdiccionales especializados en competencia económica

Suprema Corte de Justicia de la Nación

ÓRGANOS JURISDICCIONALES EN MATERIA ADMINISTRATIVA ESPECIALIZADOS EN COMPETENCIA ECONÓMICA, RADIODIFUSIÓN Y TELECOMUNICACIONES, CON RESIDENCIA EN LA CIUDAD DE MÉXICO Y JURISDICCIÓN EN TODA LA REPÚBLICA. SON COMPETENTES PARA CONOCER DE LOS JUICIOS DE AMPARO O SUS RECURSOS PROMOVIDOS CONTRA ACTOS QUE REGULEN TARIFAS DE ENERGÍA ELÉCTRICA, COMO SUCEDE CON EL ACUERDO DE LA COMISIÓN REGULADORA DE ENERGÍA NÚMERO A/058/2017.

La reforma constitucional en materia de energía contenida en el decreto publicado en el Diario Oficial de la Federación el 20 de diciembre de 2013 y la legislación que de ésta derivó tienen, entre otros objetivos, crear las condiciones que propicien el desarrollo eficiente y competitivo de los mercados en ese sector. Por tanto, de los juicios de amparo o sus recursos promovidos contra actos encaminados a regular tarifas de energía eléctrica, tal como ocurre con el Acuerdo Número A/058/2017 de la Comisión Reguladora de Energía aprobado el 23 de noviembre de 2017, por el que se expidió la metodología para determinar el cálculo y ajuste de las tarifas finales, así como las tarifas de operación, aplicables a la empresa productiva subsidiaria de la Comisión Federal de Electricidad, Suministrador de Servicios Básicos, durante el periodo del 1 de diciembre de 2017 al 31 de diciembre de 2018, deben conocer los órganos jurisdiccionales especializados en competencia económica, porque establece la metodología para calcular las tarifas finales y de operación aplicables a dicha empresa productiva, lo que está orientado a transitar de manera ordenada hacia la operación del mercado eléctrico mayorista eficiente y competitivo, impactando en el derecho de competencia económica, ya que si bien en el servicio público de transmisión y distribución de energía eléctrica no se otorgan concesiones, ello es sin perjuicio de que el Estado pueda celebrar contratos con particulares y que éstos participen en otras áreas de dicha industria, como sucede con la generación y comercialización, cuyos servicios, de conformidad con el artículo 4, primer párrafo, de la Ley de la Industria Eléctrica, se prestan en un régimen de libre competencia.

Contradicción de tesis 447/2018. Entre las sustentadas por el Pleno de Circuito en Materia Administrativa Especializado en Competencia Económica, Radiodifusión y Telecomunicaciones, con residencia en la Ciudad de México y jurisdicción en toda la República, y los Tribunales Colegiados Segundo en Materia Administrativa del Séptimo Circuito, Segundo, Tercero, Cuarto, Quinto y Sexto del Décimo Quinto Circuito, el Tribunal Colegiado del Vigésimo Sexto Circuito y el Primer Tribunal Colegiado del Vigésimo Séptimo Circuito. 7 de agosto de 2019. Cinco votos de los Ministros Alberto Pérez Dayán, Eduardo Medina Mora I., José Fernando Franco González Salas, Yasmín Esquivel Mossa y Javier Laynez Potisek. Ponente: Alberto Pérez Dayán. Secretario: Salvador Obregón Sandoval.

Suprema Corte de Justicia de la Nación

ÓRGANOS JURISDICCIONALES EN MATERIA ADMINISTRATIVA ESPECIALIZADOS EN COMPETENCIA ECONÓMICA, RADIODIFUSIÓN Y TELECOMUNICACIONES, CON RESIDENCIA EN LA CIUDAD DE MÉXICO Y JURISDICCIÓN EN TODA LA REPÚBLICA. SON COMPETENTES PARA CONOCER DE LOS JUICIOS DE AMPARO O SUS RECURSOS CUANDO LOS ACTOS RECLAMADOS TEN-

GAN COMO OBJETIVO CREAR CONDICIONES DE LIBRE COMPETENCIA Y CONCURRENCIA EN EL MERCADO DE LOS PETROLÍFEROS, COMO LO SON LA DETERMINACIÓN DE LOS PRECIOS DE LAS GASOLINAS Y EL DIÉSEL.

El Decreto por el que se reforman y adicionan diversas disposiciones de la Constitución Política de los Estados Unidos Mexicanos, en Materia de Energía, publicado en el Diario Oficial de la Federación el 20 de diciembre de 2013, y la legislación ordinaria derivada de éste provocaron el establecimiento de un modelo constitucional y legal que reconoce la participación de terceros en actos posteriores a la exploración y extracción del petróleo y de los demás hidrocarburos; por ello, esa reforma tiene, entre otros objetivos, crear las condiciones adecuadas para un mercado abierto y competitivo de combustibles, mediante un orden jurídico que busca fomentar la libre competencia y concurrencia en la comercialización y expendio al público de las gasolinas y el diésel. Por tanto, de los juicios de amparo o sus recursos en los que se reclamen actos de autoridad relativos a la determinación de precios máximos al público de las gasolinas y el diésel, deberán conocer los órganos jurisdiccionales especializados en competencia económica, ya que esos actos tienen como finalidad fomentar la libre competencia y concurrencia en ese sector, con independencia del carácter formal de la autoridad administrativa que los haya emitido, en virtud de que forman parte de toda una política de competencia tendente a lograr una mayor participación de los agentes económicos en ese mercado. Cabe agregar que este criterio no implica que deje de tener aplicación el Acuerdo General 2/2017 del Pleno del Consejo de la Judicatura Federal, relativo al trámite, resolución y cumplimiento de los juicios de amparo en los que, entre otros, se señale como acto reclamado la Ley de Ingresos de la Federación para el ejercicio fiscal 2017; la Ley de Hidrocarburos; el Acuerdo que establece el precio máximo de la gasolina, y el Acuerdo que establece el cronograma de flexibilización de precios de gasolinas y diésel, previsto en el artículo décimo segundo transitorio de la Ley de Ingresos en mención, por parte de los Juzgados Primero y Segundo de Distrito del Centro Auxiliar de la Primera Región, con residencia en la Ciudad de México, publicado en el Diario Oficial de la Federación el 21 de febrero de 2017.

Contradicción de tesis 113/2017. Entre las sustentadas por los Tribunales Colegiados Cuarto del Décimo Quinto Circuito y Primero en Materia Administrativa del Primer Circuito. 23 de mayo de 2018. Cinco votos de los Ministros Alberto Pérez Dayán, Javier Laynez Potisek, José Fernando Franco González Salas, Margarita Beatriz Luna Ramos y Eduardo Medina Mora I. Ponente: Alberto Pérez Dayán. Secretaria: Guadalupe de la Paz Varela Domínguez.

Criterios contendientes: El sustentado por el Cuarto Tribunal Colegiado del Décimo Quinto Circuito, al resolver el conflicto competencial 3/2017, y el diverso sustentado por el Primer Tribunal Colegiado en Materia Administrativa del Primer Circuito, al resolver el conflicto competencial 4/2017.

9.3.2 Resoluciones relevantes.

Dentro de las sentencias relevantes dictadas por el máximo tribunal del país, es la relativa a la declaratoria de inconstitucionalidad 6/2017[16], solicitada por la Segunda Sala de la Suprema Corte de Justicia de la Nación mediante la cual se declaró procedente y fundada esta segunda declaratoria y en su segundo resolutivo, se declaró la inconstitucionalidad del artículo 298, inciso B),fracción IV, de la Ley Federal de Telecomunicaciones y Radiodifusión en lo relativo a la porción normativa del 1%, con los alcances establecido en esa declaratoria, misma que fue publicada en el Diario Oficial de la Federación y obligada por

---

[16] DOF, abril 2 del 2019.

segunda vez en la historia de la Corte, desde que se creó la declaratoria general de inconstitucionalidad, a que el poder legislativo federal en ambas cámaras, modificara ese artículo declarado inconstitucional,

Fuentes

Bibliografía

Constitución Política de los Estados Unidos Mexicanos, México, 2023.

Código Fiscal de la Federación, México, 2005.

Diario Oficial de la Federación, México

Ley de Amparo, México, 2023.

Ley Federal del Procedimiento Contencioso Administrativo, México, 2017.

Ley Federal de Telecomunicaciones y Radiodifusión, México, 2023,

Ley Orgánica del Poder Judicial de la Federación, Editorial ISEF, México, 2023.

Paginas electrónicas

Gaceta del Semanario Judicial de la Federación, [en línea] <https://sjf2.scjn.gob.mx/busquedas-principal-tesis>

UNIDAD 10
Autoridades internacionales

HÉCTOR BENITO MORALES MENDOZA[1]

En la presente unidad se analizarán algunas autoridades internacionales en materia de competencia económica, que representan la forma en que se desarrolla la actividad económica en los mercados de Estados Unidos y la Unión Europea, conociendo también la función de la Red Internacional de Autoridades de Competencia y la relación que guarda con la Comisión Federal de Competencia Económica de México.

10.1 FEDERAL TRADE COMMISION (EUA)

La Comisión Federal de Comercio de Estados Unidos de América (Federal Trade Commision en adelante FTC), se creó el 26 de septiembre de 1914, en el marco de la Ley de la Comisión Federal de Comercio, por el entonces presidente Woodrow Wilson. Se trata de una autoridad reguladora del comercio interestatal de los Estados Unidos, que se caracteriza por ser una autoridad independiente, a efecto de que su actuación se con-

---

1 Héctor Benito Morales Mendoza Doctor en Derecho por la Facultad de Derecho de la UNAM. Es Profesor de tiempo completo en la misma Facultad en la que imparte las materias de Teoría General del Estado, titular por oposición; Economía y Derecho Económico; Finanzas Públicas; Políticas Públicas y Derecho Energético. Ha sido Consejero Técnico y es Director del Seminario de Estudios Jurídico Económicos.

sidere imparcial, especializada y con un procedimiento, como se denomina en el derecho administrativo, cuasi-jurisdiccional.

La FTC entró en funciones el 16 de marzo de 1915, su misión es proteger a los consumidores y promover la competencia[2], para asegurar que el mercado de consumo sea eficiente, haciendo cumplir las leyes federales de protección a los consumidores y las leyes antimonopolio y competencia.[3]

Para cumplir con su misión la FTC cuenta con facultades para investigar a las sociedades en general y, en especial, a aquellas sociedades que han infringido o que se presume están infringiendo las leyes antimonopolios, para lo cual está autorizada para obtener toda clase de información para conocer la organización de las empresas y sus prácticas comerciales. Puede, por tanto, requerir a las empresas para que presenten un informe sobre ellas mismas y sus prácticas comerciales.

También cuenta con facultades para impedir el empleo de medios ilegales de restricción de la competencia en el mercado, por lo que puede determinar cómo ilegal los métodos de competencia desleal.[4]

Para cumplir con estas facultades funciona a través de la Oficina de Protección al Consumidor (El buró de protección al consumidor); de la Oficina de Competencia (El buró de competencia); de la Oficina de Economía (El buró de economía).

La Oficina de Protección al Consumidor se encarga de detener las prácticas comerciales desleales, engañosas y fraudulentas. Para tales efectos recopila informes de los consumidores y puede realizar investigaciones, demandar a las empresas y

---

2 Sitio oficial web del gobierno de Estados Unidos. Federal Trade Comission. Comisión Federal de Comercio. [en línea] <https://www.ftc.gov/>

3 *Idem*

4 WITKER, Jorge. *Derecho de la competencia económica en el TLCAN.* Distrito Federal, Porrúa, Universidad Nacional Autónoma de México, 2003, p. 118.

personas que infringen la ley, desarrollar reglas para mantener un mercado justo y educar a los consumidores y las empresas sobre sus derechos y responsabilidades.[5]

La Oficina de Competencia de la FTC hace cumplir las leyes antimonopolio de la nación, que integran la base de su economía de libre mercado, promueven los intereses de los consumidores, apoyan mercados sin restricciones y dan como resultado precios más bajos y más opciones.[6]

La Oficina de Economía permite a la FTC evaluar el impacto económico de sus acciones, proporcionando un análisis económico para las investigaciones y la elaboración de normas sobre competencia y protección del consumidor, analizando el impacto económico de las regulaciones gubernamentales en las empresas y los consumidores.[7]

El marco jurídico que regula las responsabilidades de la FTC, se encuentra previsto en aproximadamente setenta leyes, con principal fundamento en la Ley Federal de Comercio, la Ley Clayton y la Ley Sherman, seguido de diversas leyes que se aplican en consideración del asunto de que se trate, ordenamientos que se actualizan periódicamente.[8]

---

5 Sitio oficial web del gobierno de Estados Unidos, Federal Trade Comission, Comisión Federal de Comercio, Oficina de Protección al Consumidor [en línea] https://www.ftc.gov/about-ftc/bureaus-offices/bureau-consumer-protection

6 Sitio oficial web del gobierno de Estados Unidos, Federal Trade Comission, Comisión Federal de Comercio, Oficina de competencia [en línea] https://www.ftc.gov/about-ftc/bureaus-offices/bureau-competition

7 Sitio oficial web del gobierno de Estados Unidos, Federal Trade Comission, Comisión Federal de Comercio, Oficina de economía [en línea] https://www.ftc.gov/about-ftc/bureaus-offices/bureau-economics

8 Sitio oficial web del gobierno de Estados Unidos, Federal Trade Comission, Comisión Federal de Comercio, Biblioteca Jurídica, Estatutos [en línea] https://www.ftc.gov/legal-library/browse/statutes

La FTC se integra por cinco comisionados nombrados por el Presidente de los Estados Unidos, que deben ser aprobados por el Senado, quienes en el desempeño de sus funciones duran siete años. La Comisión para el logro de su cometido se divide en dos oficinas administrativas, una de protección a los consumidores y, otra, en materia de competencia. La función de dirigir a la Comisión le corresponde a un director ejecutivo. Por otro lado, un consejero general, quien tiene a su cargo representar a la Comisión ante los tribunales y las cortes federales y asesorar jurídicamente en el diseño de sus políticas. Respecto a los asuntos relacionados con la competencia están a cargo de la oficina de competencia la cual trabaja coordinadamente con la Oficina de Economía, para medir el impacto económico mediante los estudios que realiza de la actividad y desempeño de los mercados, la industria y respecto de los efectos de la regulación económica.[9]

En ejercicio de sus atribuciones la FTC atiende un número importante de demandas que se traducen en investigaciones, contra personas físicas y empresas, por violaciones a las leyes de protección al consumidor y de la competencia, casos relacionados con fraudes, estafas, robo de identidad, publicidad engañosa, violaciones de privacidad, comportamiento anticompetitivo, entre otros. En ese tenor la Comisión puede presentar el asunto ante un tribunal federal o bien en un proceso administrativo, denominado procedimiento adjudicativo, en el que la parte requerida puede llegar a un acuerdo con la Comisión, si así lo desea. En caso de que decida impugnar la queja se tramitará ante un juez de procedimiento contencioso administrativo en forma de juicio.[10]

---

9 Pérez Nieto Castro, Guerrero Serreau Renato Roberto, *Derecho de la competencia económica*, Oxford, México, 2002, p. 47

10 *Idem*

Esto es, la FTC realiza funciones de protección a la competencia y a los consumidores de tipo integral, pues tiene una función normativa y otra ejecutiva, es decir, no se limita a ser solo una entidad aplicadora del derecho, plano ejecutivo, sino también tiene la posibilidad de dictar normas sobre esta materia, plano normativo, tomando en consideración que su actividad cotidiana tiene una relación muy directa con la realidad social, aunado a que no hay un número importante de leyes específicas sobre la materia.

10.1.1. Casos relevantes.

En mérito de lo anterior la FTC ha sancionado, del año 2015 a agosto de 2022 a aproximadamente cincuenta y cinco empresas, por prácticas fraudulentas a consumidores, como se refleja en la lista publicada en la página web https://www.ftc.gov/es/reembolsos en la que se observan varios casos de abusos contra los consumidores y en los se han impuesto a las empresas que realizaron estas prácticas, sanciones consistentes en reembolsos de dinero.

A continuación, se citan algunos casos:

La FTC envía una segunda ronda de cheques a clientes de *Office Depot*.

La FTC entabló en el año de 2019, una demanda en contra de *Office Depot* y su proveedor de software support.com, por prácticas engañosas a consumidores, que consistieron en la configuraron de un programa de escaneo de virus, con el objetivo de reportar que el software había encontrado síntomas de programas maliciosos o infecciones, aunque no era cierto, cada vez que los clientes respondían sí a cualquiera de las cuatro preguntas de "diagnóstico". Luego, usaron los falsos resultados del escaneo para persuadir a la gente de que compraran servicios de reparación de computadoras.

Es así que en 2020 la FTC envió una primera ronda de cheques por un total de casi $30 millones de dólares en concepto de reembolsos. Debido a que todavía quedaba dinero en el fondo, la FTC envió una segunda ronda de pagos por un total de más de $3.9 millones de dólares a aquellas personas que ya habían cobrado su primer cheque y que le pagaron más de $200 dólares a *Office Depot*.[11]

Reembolsos de *Health Fórmulas*.

En octubre de 2014 la FTC denuncia a *Health Fórmulas LLC*, sus propietarios y sus empresas relacionadas, incluida *Simple Pure Nutrition*, porque publicitaron sus productos utilizando "pruebas gratuitas" falsas, engañaron a las personas para que revelaran información de tarjetas de crédito y débito y luego las inscribieron sin su permiso en un costoso programa de membresía de opción negativa que les cobraba mensualmente por nuevos envíos. Los demandados supuestamente también hicieron afirmaciones engañosas sobre sus productos para perder peso.

En julio de 2016, la FTC resolvió prohibir permanentemente a *Health Fórmulas*, a sus propietarios y a 41 corporaciones que controlaban publicitar o vender suplementos para bajar de peso y planes de venta de opciones negativas, y les prohibió hacer afirmaciones de salud sin respaldo para otros productos, debitando las cuentas bancarias de las personas sin su consentimiento y llamando a los consumidores que pidieron que no se les volviera a llamar. También les exigió entregar aproximadamente

---

11 Sitio oficial web del gobierno de Estados Unidos, Federal Trade Comission, Comisión Federal de Comercio, Reembolsos de Office-depot [en línea] https://www.ftc.gov/es/reembolsos/reembolsos-de-office-depot

$10 millones en activos. Derivado de esta resolución se comenzó a enviar cheques de reembolso a las personas afectadas.[12]

Reembolso Western Unión.

Por varios años, mucha gente que perdió dinero con estafas envió sus pagos por medio de una transferencia de dinero efectuada a través de *Western Unión*. Los estafadores se comunicaron con la gente y le prometieron premios, préstamos, empleos, productos con descuento u otras recompensas financieras a cambio del pago de dinero por adelantado. También se hicieron pasar por familiares que necesitaban dinero o por funcionarios a cargo del cumplimiento de la ley que exigían un pago. Los estafadores le dijeron a la gente que enviara el dinero a través de *Western Unión*. Ninguna de estas personas recibió el dinero, ni los premios o servicios prometidos.

De las investigaciones conjuntas llevadas a cabo por la FTC, el Departamento de Justicia (DOJ) y el Servicio Postal de EE. UU., *Western Unión* aceptó pagar $586 millones de dólares y admitió su asistencia y complicidad para facilitar el fraude de transferencias electrónicas. Ahora, el DOJ está usando ese dinero para proveer reembolsos a las personas que fueron engañadas para que usaran los servicios de *Western Unión* para pagarles a los estafadores.[13]

Estos son solo tres ejemplos de asuntos en los que la Comisión ha logrado garantizar los derechos de los consumidores y

---

12 Sitio oficial web del gobierno de Estados Unidos, Federal Trade Comission, Comisión Federal de Comercio, Reembolsos de health-fórmulas [en línea] https://www.ftc.gov/es/reembolsos/reembolsos-de-health-formulas

13 Sitio oficial web del gobierno de Estados Unidos, Federal Trade Comission, Comisión Federal de Comercio, Reembolsos de western-union [en línea] https://www.ftc.gov/es/reembolsos/reembolsos-de-western-union

el eficiente desarrollo de la competencia, en asuntos recientes que aún están pendientes de resolución por citar algunos me refiero a los siguientes:

En noviembre de 2022, la FTC anunció que impidió que el proveedor de servicios de telefonía por *Internet Vonage* tomara el dinero de los consumidores sin su consentimiento y creará obstáculos para aquellos que intentarían cancelar su servicio. Según una orden judicial propuesta acordada por *Vonage*, la compañía deberá pagar $100 millones para reembolsar a los consumidores perjudicados por sus acciones, hacer que su proceso de cancelación sea simple y transparente y dejar de cobrar a los consumidores sin su consentimiento. Este es un asunto que se presentó como una acción de tipo administrativo, que está pendiente de resolver.[14]

La Comisión Federal de Comercio y el estado de California hasta el mes de octubre del año en curso, tomaron medidas contra el proveedor de financiación de mejoras para el hogar *Ygrene Energy Fund Inc.* por engañar a los consumidores sobre el posible impacto financiero de su financiación y por registrar injustamente gravámenes sobre las casas de los consumidores sin su consentimiento. La FTC y California alegan que *Ygrene* y sus contratistas les dijeron falsamente a los consumidores que el financiamiento no interferiría con la venta o el refinanciamiento de sus viviendas, en muchos casos basándose en tácticas de venta de alta presión o falsificación absoluta para inscribir a los consumidores. Mediante orden judicial se requirió a *Ygrene* para que detuviera sus prácticas engañosas y supervisará de manera significativa a los contratistas que han servido como su fuerza de venta. Como parte del acuerdo, se requerirá que

---

14 Sitio oficial web del gobierno de Estados Unidos, Federal Trade Comission, Comisión Federal de Comercio, Oficina de protección al consumidor, Vonage [en línea] https://www.ftc.gov/legal-library/browse/cases-proceedings/vonage

Ygrene dedique $3 millones para brindar alivio a ciertos consumidores cuyas casas están sujetas a gravámenes de la compañía[15]. Este es un asunto iniciado a través de una acción federal cuya resolución está pendiente hasta la fecha.

10.1.2. Convenio de colaboración con México.

En México el 11 de julio del año 2000, en el marco del Tratado de Libre Comercio de América del Norte (TLCAN) ahora T-MEC, se firmó el Acuerdo entre el Gobierno de los Estados Unidos Mexicanos y el Gobierno de los Estados Unidos de América sobre la aplicación de leyes de competencia, acuerdo que se celebró tomando en consideración los compromisos asumidos en el capítulo XV del TLCAN, respecto a la importancia de la cooperación y colaboración entre las autoridades de competencia para una aplicación más efectiva de la legislación de competencia en la zona de libre comercio.

El acuerdo se integra por quince artículos, en los que el artículo I, hace referencia al propósito y definiciones del mencionado acuerdo, citando en el punto dos, inciso b, de este artículo a las autoridades de competencia, para los Estados Unidos Mexicanos la Comisión Federal de Competencia, para los Estados Unidos de América, el Departamento de Justicia de los Estados Unidos y la Comisión Federal de Comercio. En el artículo II hace referencia a la notificación, el artículo III de la cooperación en la aplicación de la ley, el artículo IV se refiere a la coordinación sobre temas afines, el artículo V, de la cooperación relativa a actividades anticompetitivas en el territorio de una de las partes que perjudiquen los intereses de la otra Parte, el artículo VI, prevención de conflictos, el artículo VII cooperación técnica, el artículo VIII consultas, el artículo

---

15 *Idem*

IX reuniones periódicas, el artículo X confidencialidad de la información, el artículo XI legislación vigente, el artículo XII comunicación conforme al acuerdo y el artículo XIII entrada en vigor y terminación del acuerdo.[16]

10.2 EUROPEAN COMMISION (UE)

Como es conocido cada uno de los países que integran la Unión Europea (27), tienen su propia legislación en materia de competencia, pero al integrarse en un mercado común comparten intereses y objetivos por lo tanto le corresponde a la Comisión Europea realizar la labor de organización de este mercado común.

La Comisión Europea es el principal órgano ejecutivo de la Unión y representa los intereses comunes de la misma. Este órgano utiliza su derecho de iniciativa legislativa, para proponer nuevas leyes, que son estudiadas y adoptadas por el Parlamento Europeo y el Consejo de la Unión Europea. También gestiona las políticas de la Unión Europea, con excepción de la política exterior y de seguridad común PESC, que es competencia del Alto Representante de la PESC, vicepresidente de la Comisión Europea y del presupuesto de la UE, y vela por que los Estados miembros apliquen correctamente el Derecho de la Unión. La Comisión cuenta con oficinas de representación que actúan como sus portavoces en toda la Unión Europea. Siguen y analizan la opinión pública del país en el que se encuentran, proporcionan información sobre las políticas y el funcionamiento

---

16 Witker Jorge y Varela Angélica, "Anexo 1. "Acuerdo entre los Estados Unidos Mexicanos y los Estados Unidos de América sobre la aplicación de sus leyes de competencia. (DOF 24 abril de 2003)" en *Derecho de la Competencia Económica,* IIJ. UNAM 2003 [en línea] https://biblio.juridicas.unam.mx/bjv/detalle-libro/1151-derecho-de-la-competencia-economica-en-mexico.pdf

de la UE y facilitan la cooperación de la Comisión con el Estado miembro anfitrión[17].

La Comisión Europea se integra por direcciones para cumplir sus objetivos y lograr la integración política, económica, social e incluso jurídica, en la medida de lo posible, de los países que conforman la Unión Europea. Una de estas direcciones es la Dirección General de Competencia, que se encarga de la política de la Unión Europea en materia de competencia y del cumplimiento de las normas de competencia de la Unión Europea, en cooperación de las autoridades nacionales de competencia.[18]

El marco jurídico de la Comisión se prevé en el artículo 17 del Tratado de la Unión Europea, los artículos 234, 244 a 250, 290 y 291 del Tratado de Funcionamiento de la Unión Europea y del Tratado por el que se constituye un Consejo único y una Comisión única de las Comunidades Europeas (Tratado de Fusión).[19]

La comisión se integra por 27 comisarios, es decir uno de cada país y de un Presidente que decide quién es el responsable de cada política.

Para precisar un poco más lo descrito líneas arriba la Comisión tiene las facultades siguientes: a) normativas, b) de investigación, c) secreto profesional, d) el derecho a guardar silencio y no autoincriminarse, e) facultades decisorias y f) facultades sancionatorias.

---

17 Sitio oficial web de la Unión Europea. Comisión Europea [en línea] https://european-union.europa.eu/institutions-law-budget/institutions-and-bodies/institutions-and-bodies-profiles/european-commission_es

18 Sitio oficial web de la Unión Europea. Comisión Europea, Dirección General de Competencia [en línea] https://ec.europa.eu/info/departments/competition_es

19 Fichas temáticas sobre la Unión Europea. Parlamento Europeo. La Comisión Europea [en línea] https://www.europarl.europa.eu/factsheets/es/sheet/25/la-comision-europea

Las facultades normativas y de investigación, son facultades que la Comisión tuvo desde su origen, ampliando sus facultades con la aprobación del Reglamento 1/2003[20], instrumento jurídico que trae importantes modificaciones a la aplicación de las normas de libre competencia comunitarias.

Sus facultades normativas consisten en ser partícipe y pieza fundamental del desarrollo de la programación legislativa que año tras año se estructura en razón de las prioridades comunitarias; recibir por delegación del Consejo el poder para reglamentar al interior de áreas que no le están atribuidas; y, la que se interpreta como la facultad de mayor importancia para el tema en desarrollo, adoptar actos jurídicos comunitarios referidos a asuntos que facilitan el cumplimiento de su misión, incluso sin la participación formal de ninguna otra de las instituciones comunitarias.[21]

Respecto de sus facultades de investigación se encuentran las de descubrir y profundizar en conductas, acuerdos o circunstancias específicas que se estén presentando en el mercado y que sean contrarias a las normas de libre competencia comunitarias, y por consiguiente, susceptible de generar efectos anticompetitivos. Se trata de un mecanismo idóneo que utiliza la Comisión para encontrar sustentos probatorios que justifiquen la imposición de una sanción futura, pudiendo en todo caso iniciar de oficio una investigación alrededor de un sector,

---

20 Reglamento (CE) n° 1/2003 del Consejo, de 16 de diciembre de 2002, relativo a la aplicación de las normas sobre competencia previstas en los artículos 81 y 82 del Tratado (Texto pertinente a efectos del EEE) [en línea] https://www.boe.es/doue/2003/001/L00001-00025.pdf

21 Soto Pineda, Jesús Alfonso. *"Public Enforcement" y descentralización en la aplicación de las normas de libre competencia en la Comunidad Europea y en España,* Bogotá, Universidad Externado de Colombia, 2014. p. 86-90

una empresa, un agente, o iniciarla a petición de un involucrado que alegue tener un legítimo interés en ello.[22]

Respecto al secreto profesional, este se deriva de la facultad de investigación de la Comisión y comprende dos aspectos: la posibilidad de que en razón de este privilegio tienen las empresas de retener cierta documentación que esté amparada por el secreto, y la obligación que tiene la autoridad comunitaria de darle al material documental el uso específico para el que ha sido recabado.[23]

El derecho a guardar silencio y no autoincriminarse, es una premisa que en el ámbito de la competencia debe estar más interiorizada, como sucede en otras ramas como la penal, por ejemplo, que es un privilegio para el imputado.[24]

Respecto de las facultades decisorias, consisten en un catálogo de decisiones que puede tomar la Comisión en relación con una situación en particular, tomando en cuenta que las situaciones son diferentes y, por lo tanto, las decisiones también lo serán[25].

En cuanto a las facultades sancionatorias para garantizar la protección de la libre competencia, la Comisión puede imponer las sanciones que encuentre pertinentes a las empresas, que, de forma intencionada o negligente, transgredan la normatividad de libre competencia comunitaria.[26]

10.2.2. Casos relevantes.

Como ha quedado expresado la Comisión Europea vigila e investiga las prácticas, fusiones y ayudas estatales anticompetiti-

---

22 *Ibidem.* pág. 91-93

23 *Ibidem.* pág. 124

24 *Ibidem.* pág. 135

25 *Ibidem.* pág. 142

26 *Ibidem.* pág. 181

vas, a fin de garantizar condiciones de competencia equitativas para las empresas de la UE y asegurar una oferta amplia y precios justos para los consumidores.

En este apartado podría citar aquellos asuntos en los que la Comisión ha actuado como órgano sancionador contra aquellas empresas que han realizado prácticas anticompetitivas en perjuicio de los consumidores, pero en este entorno de guerra es interesante destacar los apoyos que ha aprobado la Comisión con el objetivo de apoyar a la economía en tiempos de guerra, de esta forma la Comisión aprobó lo siguiente:

La Comisión Europea ha aprobado un plan danés de 1.340 millones de euros (10.000 millones de coronas danesas) para apoyar a las empresas que consumen mucha energía en el contexto de la guerra de Rusia contra Ucrania. El régimen fue aprobado en el contexto del Marco Temporal de Crisis de ayudas estatales, adoptado por la Comisión el 23 de marzo de 2022 y modificado el 20 de julio de 2022 y el 28 de octubre de 2022, sobre la base del artículo 107, apartado 3, letra b), del Tratado de Funcionamiento de la Unión Europea ('TFEU'), reconociendo que la economía de la UE está experimentando una grave perturbación.[27]

La Comisión constató que el régimen danés se ajusta a las condiciones establecidas en el marco temporal de crisis. En particular, (i) el vencimiento de los préstamos no excederá de seis años; (ii) los tipos de interés reducidos respeten los niveles mínimos establecidos en el Marco Temporal de Crisis; (iii) el importe del préstamo individual por pyme y gran empresa cubrirá las necesidades de liquidez respectivamente durante los 12 y 6 meses siguientes a la concesión de la ayuda; y (iv)

---

[27] Sitio oficial web de la Unión Europea, Comisión Europea, Comunicado de prensa, 4 de noviembre de 2022 [en línea] https://ec.europa.eu/commission/presscorner/detail/en/ip_22_6537

el apoyo se otorgará a más tardar el 31 de diciembre de 2023. Llegó a la conclusión de que el régimen danés es necesario, apropiado y proporcionado para remediar una perturbación grave en la economía de un Estado miembro, de conformidad con el artículo 107, apartado 3, letra b), del TFUE y las condiciones establecidas en el Marco Temporal de Crisis. En ese tenor aprobó la medida de ayuda con arreglo a las normas sobre ayudas estatales de la UE.[28]

En el ánimo de apoyar a la economía y proteger de posibles prácticas contrarias al buen funcionamiento de las mismas, la Comisión abrió la siguiente investigación:

La Comisión Europea ha abierto una investigación en profundidad para evaluar si el apoyo público que Hungría tiene previsto conceder para la construcción de una nueva planta de componentes de automoción en *Észak Magyarország,* se ajusta a las normas sobre ayudas estatales de la UE. El beneficiario de la medida sería *Rubin NewCo Kft.*[29]

La investigación se fundamenta en los siguientes hechos:

En 2021, Hungría notificó a la Comisión sus planes de conceder a *Rubin NewCo Kft* 43,76 millones de euros de apoyo público para la construcción de una nueva planta de componentes de automóviles en la región de *Észak Magyarország,* en el norte de Hungría.

La nueva planta absorberá la capacidad de otros dos sitios de producción europeos pertenecientes al grupo. Se espera que la planta genere aproximadamente 1500 puestos de trabajo en el norte de Hungría, una región menos favorecida que puede recibir ayuda regional según las normas de ayuda estatal de la UE.

---

28 *Idem*

29 Sitio oficial web de la Unión Europea, Comisión Europea, Comunicado de prensa, 27 de octubre de 2022 [en línea] https://ec.europa.eu/commission/presscorner/detail/en/ip_22_6371

Hungría tiene previsto apoyar la construcción de la nueva planta de componentes para automóviles a través de: (i) una subvención directa de 43,01 millones de euros y (ii) un beneficio fiscal de 0,75 millones de euros. El importe total de la ayuda que las autoridades húngaras prevén conceder, expresado como porcentaje de los costes de inversión subvencionables, es del 31,76%, que está por debajo del importe máximo de ayuda permitido para un proyecto de este tipo (es decir, el 31,88%).

En esta fase, sobre la base de su evaluación preliminar, la Comisión ha llegado a la conclusión de que el proyecto de inversión facilita el desarrollo económico y el empleo en una región menos favorecida de la UE. No obstante, la Comisión tiene dudas sobre si la medida se ajusta a las normas sobre ayudas estatales de la UE.[30]

En este sentido cabe mencionar que las normas sobre ayudas estatales, se encuentran previstas en las Directrices sobre ayudas estatales regionales de la Comisión, permiten a los Estados miembros apoyar el desarrollo económico y el empleo en las regiones menos desarrolladas de la UE y fomentar la cohesión regional en el mercado único. Las DAR establecen las normas en virtud de las cuales los Estados miembros pueden conceder ayudas estatales a empresas para apoyar inversiones en nuevas instalaciones de producción en las regiones menos favorecidas de Europa.[31] La versión pública resolución de esta investigación al día de la fecha aún no está disponible.

La Comisión también inicia procedimientos contra prácticas de posibles monopolios, carteles y fusiones, cuya práctica es contraria al sano desarrollo de los mercados, la economía y los consumidores.

---

[30] *Idem*

[31] *Idem*

10.2.2. Convenio de colaboración con México.

La Comisión Europea tiene tres acuerdos celebrados con México, el primero es el Acuerdo de Asociación Económica, Concertación Política y Cooperación entre los Estados Unidos Mexicanos y la Comunidad Europea y sus Estados Miembros.

Este Acuerdo establece los objetivos y mecanismos para la liberalización del comercio de bienes y de servicios, y fue aprobado por el Parlamento Europeo el 6 de mayo de 1999 y por el Senado de México el 20 de marzo de 2000. La parte relativa al comercio de bienes del TLC, establecida por la Decisión 2/2000 del Consejo Conjunto CE-México, entró en vigor el 1° de julio de 2000.

El Acuerdo fue adoptado por el Consejo Europeo el 28 de septiembre de 2000 y después de la notificación de las Partes de la finalización de sus procedimientos legales internos necesarios para la entrada en vigor, comenzó a regir el 1° de octubre de 2000.

Las medidas de liberalización del comercio de servicios, inversión, así como de las medidas relativas a la propiedad intelectual, establecidas por la Decisión 2/2001 del Consejo Conjunto CE-México, entraron en vigor el 1° de julio de 2000.[32]

El siguiente es el Tratado de Libre Comercio entre los Estados Unidos Mexicanos y los Estados de la Asociación Europea de Libre Comercio. Este Tratado entró en vigor el 1° de julio de 2001. El acuerdo incluye un texto común, más acuerdos bi-

---

32 Sistema de Información sobre Comercio Exterior, OEA, Acuerdo de Asociación Económica, Concertación Política y Cooperación entre los Estados Unidos Mexicanos y la Comunidad Europea y sus Estados Miembros [en línea] http://www.sice.oas.org/tpd/mex_eu/Negotiations/Global_s.pdf

laterales sobre comercio de productos agrícolas entre México y cada uno de los Estados de la AELC.[33]

El tercer documento es el Acuerdo Administrativo en materia de cooperación en el ámbito del derecho a la competencia y su aplicación por la Comisión Federal de Competencia Económica de México y, por otra, la Dirección General de Competencia de la Comisión Europea. Este acuerdo es relativamente reciente pues fue firmado el 4 de junio de 2018, en Bruselas Bélgica, por la entonces representante de la Comisión Federal de Competencia Económica de México y la responsable de la política de competencia de la Comisión Europea. Se trata de un acuerdo que busca formalizar las bases sobre las cuales la cooperación entre ambas autoridades se lleva a cabo, con el objetivo de alcanzar un beneficio para la competencia en México y en la Unión Europea.

Este Acuerdo se integra de 12 puntos estableciendo, en el primer punto, el objeto del Acuerdo, en el segundo punto las determinaciones relativas al intercambio de información, en el tercer punto el Acuerdo se ocupa de la coordinación de actividades de ejecución, el cuarto punto hace referencia a la solicitud para llevar actividades de aplicación, (cortesía positiva), el quinto punto establece lo relativo a consultas sobre la prevención de conflictos en cuanto a actividades de aplicación (cortesía negativa), el punto seis prevé la cooperación técnica(capacitación), el punto siete indica la importancia de las reuniones de las Partes para debatir temas de actualidad, experiencias e intereses mutuos entre otros asuntos de importancia, en el punto número ocho se aborda lo relativo a los costos, el punto nueve se ocupa del marco jurídico aplicable

---

[33] Sistema de Información sobre Comercio Exterior. OEA. Tratado de Libre Comercio entre los Estados Unidos Mexicanos y los Estados de la Asociación Europea de Libre Comercio [en línea] http://www.sice.oas.org/TPD/MEX_EFTA/MEX_EFTA_s.ASP.pdf

y autonomía de las Partes, el punto diez hace referencia a la confidencialidad, el punto once se ocupa de las comunicaciones conforme a lo previsto en el acuerdo administrativo y, finalmente, el punto doce establece las disposiciones finales.[34]

10.3 INTERNATIONAL COMPETITION NETWORK

La Red Internacional de Competencia Económica (ICN por sus siglas en inglés) es el foro de competencia económica más importante a nivel global, que reúne a más de 130 autoridades en la materia.

Brinda a las autoridades de competencia un espacio orientado a objetivos que permite un diálogo dinámico. Su objetivo es promover el consenso y convergencia en la adopción de mejores prácticas para la implementación de la política de competencia a nivel internacional.

La ICN se encuentra organizada en un Grupo Directivo, un Secretariado y cinco Grupos de Trabajo: Abogacía, Cárteles, Fusiones, Conducta Unilateral y Efectividad de las Agencias.[35]

El objetivo de la integración de un grupo de trabajo de Abogacía, es mejorar la eficacia de los miembros de la ICN en la promoción de la difusión de los principios de la competencia

---

[34] Sitio oficial de la COFECE México, Marco Jurídico y normativo, Acuerdos Internacionales, [en línea] https://www.cofece.mx/publicaciones/marco-juridico-y-normativo/#normateca-4 https://www.cofece.mx/wp-content/uploads/2018/06/UE_COFECE-_ESP.pdf

[35] Sitio oficial de la COFECE México, Contribuciones al comité de competencia de la OCDE y otros Foros Internacionales, Red Internacional de Competencia Económica, International Competition Network [en línea] https://www.cofece.mx/asuntos-internacionales/contribuciones-al-comite-de-competencia-de-la-ocde-y-otros-foros/

y promover el desarrollo de una cultura de la competencia. El grupo de trabajo de Cárteles aborda las implicaciones que tiene la aplicación de la ley contra cárteles incluida la prevención, detección, investigación y sanción de la conducta de los cárteles. Mediante el grupo de trabajo de Fusiones se busca la adopción de las mejores prácticas en el diseño y operación de los regímenes de revisión de fusiones. Las empresas dominantes y con un poder sustancial en el mercado, son materia de análisis para el grupo de Conducta Unilateral. La Efectividad en las operaciones de las Agencias de Competencia es un reto del grupo de trabajo conformado a propósito de vigilar su eficacia.

La ICN es una organización no gubernamental de autoridades de competencia nacionales o multinacionales, establecida, además del objetivo citado, para abordar aspectos propios de la política de competencia, como la armonización de procedimientos y enfoques, principalmente a través de mecanismos cooperativos voluntarios y sobre la base de compartir experiencias y mejores prácticas en la aplicación de la ley.

Organiza su trabajo a partir de los grupos temáticos descritos, de adscripción y participación voluntaria, los que se articulan en función de proyectos anuales. Los distintos grupos de trabajo levantan información a partir del diseño y aplicación de cuestionarios en un tema específico, preparan informes y guías para entregar orientación sobre distintas prácticas. Además, desde 2002, se reúnen en una conferencia anual, que entrega una plataforma común para la discusión y sanción de los trabajos y productos de los proyectos que se llevaron a cabo durante el año. Las agencias miembros tienen total discrecionalidad respecto de implementar o no las recomendaciones que resultan del trabajo colectivo de los grupos de trabajo.[36]

---

[36] Sitio Oficial de la Fiscalía Nacional Económica de Santiago de Chile. *International Competition Network* [en línea] https://www.fne.gob.cl/internacional/foros-internacionales/icn/

Así mismo, proporciona a las autoridades de competencia un lugar especializado, pero informal, para mantener contactos regulares y abordar problemas prácticos de competencia. Esto permite un diálogo dinámico que sirve para generar consenso y convergencia hacia principios sólidos de política de competencia en toda la comunidad antimonopolio global.

Es el único organismo mundial dedicado exclusivamente a la aplicación de la ley de competencia y sus miembros representan a las autoridades de competencia nacional y multinacional. Los miembros elaboran a través de su participación en grupos de trabajo flexibles orientados a proyectos y basados en resultados. El trabajo de los miembros se realiza generalmente en grupo a través de Internet, teléfono, teleseminarios y *webinars*.

Las conferencias y talleres anuales brindan oportunidades para discutir proyectos de grupos de trabajo y sus sugerencias para la aplicación. La ICN no ejerce ninguna función normativa. Cuando llega a un consenso sobre las recomendaciones, o "mejores prácticas", que surgen de los proyectos, las autoridades de competencia individuales deciden si implementan o no las recomendaciones y cómo hacerlo, bien sea a través de acuerdos unilaterales, bilaterales o multilaterales, según corresponda.[37]

"La red se originó a partir de las recomendaciones hechas por el Comité Asesor de Política de Competencia Internacional (ICPAC), un grupo formado en 1997. El ICPAC fue comisionado para abordar los problemas globales antimonopolio en el contexto de la globalización económica y se centró en temas como la competencia multijurisdiccional, revisión de fusiones, la interfaz entre el comercio y la competencia, y la dirección futura de la cooperación entre las agencias antimonopolio. En su informe final, publicado en febrero de 2000, el ICPAC instó

---

37 Sitio oficial de la Red Internacional de Competencia [en línea] https://www.internationalcompetitionnetwork.org/

a los Estados Unidos a explorar la creación de un nuevo lugar, una "Iniciativa de competencia global", donde los funcionarios gubernamentales, las empresas privadas y las organizaciones no gubernamentales podrán consultar sobre asuntos antimonopolio. El ICPAC concluyó que esta Iniciativa de Competencia Global se dirija hacia "una mayor convergencia de la ley y el análisis de la competencia, a un entendimiento común"[38]

La creación de la ICN estuvo fortalecida y logró su integración a partir de la propuesta de funcionarios gubernamentales y miembros de colegios de abogados antimonopolios, quienes reconocieron que la mejor manera de promover una aplicación antimonopolio sólida y eficaz a raíz de la globalización económica era precisamente mediante el establecimiento de una red de autoridades de competencia y especialistas internacionales en competencia. Los funcionarios de competencia de la Comisión Europea y de los Estados Unidos expresaron su apoyo a la iniciativa.

Después de estos respaldos, la Asociación Internacional de Abogados convocó a una reunión de más de 40 funcionarios y profesionales de la competencia de alto nivel del mundo en *Ditchley Park*, Inglaterra, a principios de febrero de 2001, para discutir la viabilidad de una red antimonopolio global. Las discusiones de *Ditchley Park* fueron positivas y progresistas, y hubo un gran apoyo a la idea de establecer una nueva organización dirigida exclusivamente a la aplicación internacional de las normas antimonopolio.

El 25 de octubre de 2001, altos funcionarios antimonopolio de 14 jurisdicciones (Australia, Canadá, Unión Europea, Francia, Alemania, Israel, Italia, Japón, Corea, México, Sudáfrica, Reino Unido, Estados Unidos y Zambia) lanzaron la Red internacional, en una Reunión en la ciudad de Nueva York.[39]

---

38 *Idem*

39 *Idem*

10.3.1. Guías y recomendaciones.

La Comisión Federal de Competencia Económica (COFECE) y el Instituto Federal de Telecomunicaciones (IFT) que, con fundamento en el artículo 28 Constitucional, son las autoridades de competencia económica en México, se encuentran a la vanguardia en temas de cooperación internacional, directa o indirecta, tanto como receptores, como emisores. En cuanto a la colaboración internacional directa ambas autoridades participan de forma eficiente con sus pares en el análisis y estudio de las concentraciones y carteles internacionales.

Resulta interesante analizar si esa colaboración existirá en aquellos casos que puedan ser de dominancia en más de una jurisdicción o en casos de economía digital, como lo recomienda la Organización para la Cooperación y Desarrollo Económicos o la Red Internacional de Competencia Económica.

Es pertinente comentar que en el marco del Concurso de Promoción de la competencia, organizado por el Banco Mundial y la ICN, en el que se otorgan reconocimientos a autoridades en la materia que implementan estrategias de promoción que tienen impacto trascendental en las políticas públicas de su país, en el año de 2021, la COFECE ganó este premio por sus acciones de promoción implementadas para fomentar la competencia en la industria eléctrica, que a su vez incide en la competitividad de México y la protección del medio ambiente[40]

El concurso se realiza desde el año 2014 y tiene como objetivo difundir mediante casos de éxito de todo el mundo, el papel fundamental que desempeña la promoción de los principios de competencia para asegurar que la regulación y las políticas

---

40 Sitio oficial de la COFECE México. Comunicados de prensa [en línea] https://www.cofece.mx/banco-mundial-y-red-internacional-de-competencia-premian-a-la-cofece-por-sus-acciones-para-preservar-la-competencia-en-la-industria-electrica-nacional/

públicas permitan el funcionamiento eficiente de los mercados en beneficio de los consumidores.[41]

En la edición 2021 la ICN y el Banco Mundial premiaron a la COFECE, por las acciones instrumentadas para hacer prevalecer la competencia económica en la industria eléctrica, en línea con su mandato constitucional. Además, las actuaciones por las que se le reconoce inciden en la competitividad de México y también contribuyen al cumplimiento de los compromisos internacionales de nuestro país en materia de generación de energías limpias.[42]

Pero no es la primera ocasión que la COFECE obtiene reconocimiento de la Red y el Banco Mundial, pues tiene otros siete reconocimientos en años anteriores.[43] De hecho en los últimos años la COFECE ha sido seleccionada por el ICN para organizar diversos Talleres para fortalecimiento de capacidades. En 2016, se llevó a cabo el Taller de Abogacía y en 2017 el Taller de Fusiones, ambos en la Ciudad de México.

En el marco del trabajo conjunto de la COFECE con la ICN, se han desarrollado algunos documentos relativos a la explicación de la competencia al público en general, a las empresas, al gobierno y a los legisladores, documentos que están disponibles en el sitio oficial de la Comisión, a continuación, se enlistan para el caso de que haya algún interés por consultarlos.

Explaining benefits of competition to the general public

Explaining benefits of competition to businesses

---

41 *Idem*

42 *Idem*

43 Sitio oficial de la COFECE México, Asuntos internacionales [en línea] https://www.cofece.mx/asuntos-internacionales/contribuciones-al-comite-de-competencia-de-la-ocde-y-otros-foros/

Explaining benefits of competition to the government and the legislator[44]

Al respecto el Instituto Federal de Telecomunicaciones (IFT), tomando en consideración las recomendaciones y guías de la ICN, ha elaborado el Acuerdo mediante el cual el Pleno del IFT expidió la Guía para determinar Mercados Relevantes en los Sectores de Telecomunicaciones y Radiodifusión[45], mismo que en el punto 7.2 de la experiencia internacional, toma en consideración algunas recomendaciones de la ICN, la OCDE y las comisiones de Estados Unidos, Unión Europea, Australia, Portugal y Canadá, respecto del funcionamiento de los mercados relevantes.

Siguiendo con el acuerdo en el punto 9.1.2. Para determinar mercados relevantes en presencia de integraciones verticales toma en cuenta la experiencia internacional y los criterios emitidos por la ICN en su estudio comparativo de fusiones verticales, documento en que presenta tres estudios de caso, analizados por el grupo de Trabajo de Fusiones que comparan los enfoques de las diferentes autoridades nacionales de competencia, que evalúan las fusiones verticales.[46]

A manera de conclusión se puede decir que fortalecer los lazos de cooperación entre gobiernos y organismos internacionales bilaterales y multilaterales, con el fin de desarrollar políticas de competencia efectiva en este mundo globalizado, permitirá que los mercados y las economías de los países puedan crecer, desde luego tomando en consideración el intercambio de experiencias, mejores prácticas y asistencia técnica de las

---

44 *Idem*

45 Acuerdo mediante el cual el Pleno del Instituto Federal de Telecomunicaciones expide la Guía para determinar Mercados Relevantes en los Sectores de Telecomunicaciones y Radiodifusión [en línea] https://www.ift.org.mx/sites/default/files/conocenos/pleno/sesiones/acuerdoliga/pift171121661acc.ppf

46 *Idem*

entidades internacionales de competencia, dando la oportunidad a los regímenes menos desarrollados de beneficiarse y diseñar sus propias políticas haciendo más eficientes sus mercados garantizando la protección de los consumidores y el buen desarrollo de la competencia.

Fuentes de Consulta

Bibliografía.

PÉREZ NIETO Castro, GUERRERO SERREAU Renato Roberto, Derecho de la competencia económica, Oxford, México, 2002.

WITKER, Jorge. Derecho de la competencia económica en el TLCAN. Distrito Federal, Porrúa, Universidad Nacional Autónoma de México, 2003.

Fuentes electrónicas.

Acuerdo mediante el cual el Pleno del Instituto Federal de Telecomunicaciones expide la Guía para determinar Mercados Relevantes en los Sectores de Telecomunicaciones y Radiodifusión [en línea] https://www.ift.org.mx/sites/default/files/conocenos/pleno/sesiones/acuerdoliga/pift171121661acc.ppf

Fichas temáticas sobre la Unión Europea. Parlamento Europeo. La Comisión Europea [en línea] https://www.europarl.europa.eu/factsheets/es/sheet/25/la-comision-europea

https://www.cofece.mx/wp-content/uploads/2018/06/UE_COFECE-_ESP.pdf

https://www.ift.org.mx/sites/default/files/conocenos/pleno/sesiones/acuerdoliga/pift171121661acc.ppf

Reglamento (CE) n° 1/2003 del Consejo, de 16 de diciembre de 2002, relativo a la aplicación de las normas sobre competencia previstas en los artículos 81 y 82 del Tratado (Texto pertinente a efectos del EEE) [en línea] https://www.boe.es/doue/2003/001/L00001-00025.pdf

Sistema de Información sobre Comercio Exterior, OEA, Acuerdo de Asociación Económica, Concertación Política y Cooperación entre los Estados Unidos Mexicanos y la Comunidad Europea y sus Estados Miembros [en línea] http://www.sice.oas.org/tpd/mex_eu/Negotiations/Global_s.pdf

Sistema de Información sobre Comercio Exterior. OEA. Tratado de Libre Comercio entre los Estados Unidos Mexicanos y los Estados de la Asociación Europea de Libre Comercio [en línea] http://www.sice.oas.org/TPD/MEX_EFTA/MEX_EFTA_s.ASP.pdf

Sitio oficial de la COFECE México, Contribuciones al comité de competencia de la OCDE y otros Foros Internacionales, Red Internacional de Competencia Económica, International Competition Network [en línea] https://www.cofece.mx/asuntos-internacionales/contribuciones-al-comite-de-competencia-de-la-ocde-y-otros-foros/

Sitio oficial de la COFECE México, Marco Jurídico y normativo, Acuerdos Internacionales, [en línea] https://www.cofece.mx/publicaciones/marco-juridico-y-normativo/#normateca-4

Sitio oficial de la COFECE México. Asuntos internacionales [en línea] https://www.cofece.mx/asuntos-internacionales/contribuciones-al-comite-de-competencia-de-la-ocde-y-otros-foros/

Sitio oficial de la COFECE México. Comunicados de prensa [en línea] https://www.cofece.mx/banco-mundial-y-red-internacional-de-competencia-premian-a-la-cofece-por-sus-acciones-para-preservar-la-competencia-en-la-industria-electrica-nacional/

Sitio Oficial de la Fiscalía Nacional Económica de Santiago de Chile. International Competition Network [en línea] https://www.fne.gob.cl/internacional/foros-internacionales/icn/

Sitio oficial de la Red Internacional de Competencia [en línea] https://www.internationalcompetitionnetwork.org/

Sitio oficial web de la Unión Europea, Comisión Europea, Comunicado de prensa, 4 de noviembre de 2022 [en línea] https://ec.europa.eu/commission/presscorner/detail/en/ip_22_6537

Sitio oficial web de la Unión Europea, Comisión Europea, Comunicado de prensa, 27 de octubre de 2022 [en línea] https://ec.europa.eu/commission/presscorner/detail/en/ip_22_6371

Sitio oficial web de la Unión Europea. Comisión Europea [en línea] https://european-union.europa.eu/institutions-law-budget/institutions-and-bodies/institutions-and-bodies-profiles/european-commission_es

Sitio oficial web de la Unión Europea. Comisión Europea, Dirección General de Competencia [en línea] https://ec.europa.eu/info/departments/competition_es

Sitio oficial web del gobierno de Estados Unidos, Federal Trade Comission, Comisión Federal de Comercio, Oficina de Protección al Consumidor [en línea] https://www.ftc.gov/about-ftc/bureaus-offices/bureau-consumer-protection

Sitio oficial web del gobierno de Estados Unidos, Federal Trade Comission, Comisión Federal de Comercio, Oficina de competencia [en línea] https://www.ftc.gov/about-ftc/bureaus-offices/bureau-competition

Sitio oficial web del gobierno de Estados Unidos, Federal Trade Comission, Comisión Federal de Comercio, Oficina de economía [en línea] https://www.ftc.gov/about-ftc/bureaus-offices/bureau-economics

Sitio oficial web del gobierno de Estados Unidos, Federal Trade Comission, Comisión Federal de Comercio, Biblioteca Jurídica, Estatutos [en línea] https://www.ftc.gov/legal-library/browse/statutes

Sitio oficial web del gobierno de Estados Unidos, Federal Trade Comission, Comisión Federal de Comercio, Reembolsos de Office-depot [en línea] https://www.ftc.gov/es/reembolsos/reembolsos-de-office-depot

Sitio oficial web del gobierno de Estados Unidos, Federal Trade Comission, Comisión Federal de Comercio, Reembolsos de health-fórmulas [en línea] https://www.ftc.gov/es/reembolsos/reembolsos-de-health-formulas

Sitio oficial web del gobierno de Estados Unidos, Federal Trade Comission, Comisión Federal de Comercio, Reembolsos de western-union [en línea] https://www.ftc.gov/es/reembolsos/reembolsos-de-western-union

Sitio oficial web del gobierno de Estados Unidos, Federal Trade Comission, Comisión Federal de Comercio, Oficina de protección al consumidor, Vonage [en línea] https://www.ftc.gov/legal-library/browse/cases-proceedings/vonage

Sitio oficial web del gobierno de Estados Unidos. Federal Trade Comission. Comisión Federal de Comercio [en línea] <https://www.ftc.gov/>

SOTO PINEDA, Jesús Alfonso. "Public Enforcement" y descentralización en la aplicación de las normas de libre competencia en la Comunidad Europea y en España, Bogotá, Universidad Externado de Colombia, 2014.

WITKER Jorge y VARELA Angélica, "Anexo 1. "Acuerdo entre los Estados Unidos Mexicanos y los Estados Unidos de América sobre la aplicación de sus leyes de competencia. (DOF 24 abril de 2003)" en Derecho de la Competencia Económica, IIJ. UNAM 2003 [en línea] https://biblio.juridicas.unam.mx/bjv/detalle-libro/1151-derecho-de-la-competencia-economica-en-mexico.pdf

EPÍLOGO
Competencia y Comercio Exterior

JORGE WITKER[1]

Conceptualmente, ambos tópicos se entienden converger, pues el libre comercio y la libre competencia, son caras de una vertiente unívoca, como es la economía de mercados o economía mixta.

La realidad, sin embargo, nos indica que, en la experiencia nacional, y porque no decir global, el libre comercio, los tratados comerciales, transitan por caminos que nada tienen que ver con la libre competencia. Se abren las fronteras, para que monopolios u oligopolios, aprovechen y dominen el o los mercados, impidiendo o limitando la libre concurrencia y competencia.[2]

1. LEGISLACIONES NACIONALES, COMPETENCIA Y LIBRE COMERCIO.

Las legislaciones de competencia económica por su parte se caracterizan por tener un sello de perfil nacional, por ello los órganos reguladores internos, articulan acuerdos recíprocos de información, la que pasa a ser factor estratégico de las economías actuales.

---

1 Doctor en Derecho por la Universidad Complutense de Madrid; profesor titular de Derecho Económico y Comercio Exterior en la Facultad de Derecho de la UNAM, e investigador titular en el Instituto de Investigaciones Jurídicas

2 Massimo, *Política de Competencia, Teoría y Práctica,* Fondo de Cultura Económica, México, 2018.

Derivado de lo anterior, las prácticas anticompetitivas, pese a tener causas similares, distorsionadoras de los mercados, tienden a regularse en forma separada lo que origina, entre otros factores, que la competencia se enfrenta, separada del libre comercio y que dos dependencias regulen en forma autónoma, las concentraciones y carteles, consorcios que participan en escenarios del libre comercio.

Este sistema dual permite por ejemplo que en México la Comisión Federal de Competencia Económica y la Unidad de Prácticas Comerciales actúen independientes, regulando las conductas anticompetitivas que afectan la competencia en los mercados nacionales.

Esta fragmentación, es un proceso que ha sido impuesto en la Organización Mundial de Comercio, que la Ronda Multilateral de Singapur acordó crear grupos de trabajos sobre dichos campos por la incidencia recíproca y negativa que tiene dicha separación.[3]

Años después en Cancún la propia OMC eliminó dicho acuerdo y reitero la idea de que el libre comercio debe estar aislado de problemas de competencia.

En el derecho comparado, destacan dos sistemas que vinculan, ambos sectores: el unificado, postulado y en cierta medida, aplicado por la Unión Europea a sus 27 miembros y varios tratados comerciales (Australia-Nueva Zelandia, Canadá-Chile y otros), en que las prácticas restrictivas y desleales de comercio exterior, se abordan desde el país de origen identificando concentraciones monopolios u oligopolios y, no por los efectos, del dumping en terceros mercados.

---

3 WITKER, Jorge, *Derecho de la Competencia en América.* México-Chile. Fondo de Cultura Económica. 2000, Pág. 49.

En sentido opuesto, está el enfoque bifurcado, que separa el antitrust en general de las prácticas antidumping y desleales de comercio tesis impulsada por Estados Unidos y seguida por México, cuyos efectos en nuestro país, son notorios y perjudiciales.[4]

En efecto, el sector agroalimentario, cuya dependencia alimenticia supera el 44% del total, ha permitido que un reducido número de consorcios nacionales y extranjeros (Maseca, Bimbo, Cargill, Bayer, Walmart, etc.) impongan los precios de las semillas, granos, alimentos procesados, transportes y distribución en desmedro de los productores y empresarios nacionales, pues su sola presencia e imagen se vuelven barreras a la libre concurrencia y en los hechos impiden toda competencia. Algo parecido se observa en servicios financieros, turísticos, telecomunicaciones y farmacéuticos.[5]

A este proceso, se suma la legislación estadounidense, en materia de consorcios de exportación, que favorece concentraciones, monopolios y carteles, fuera de su territorio nacional, aunque a ese nivel, las leyes, precedentes y reglas, son rígidos y de aplicación estricta incluso penalmente sancionados.

En mérito a ello, un autor tiene razón cuando afirma: "existe evidencia empírica que el sobre precio que imponen todos los tipos de carteles económicos alrededor del mundo es en promedio un sobreprecio del 23%..." entre otras causas, porque su poder sustancial de mercado es más fuerte.[6]

Con estos elementos, se explica la separación entre libre comercio y competencia y que con la fuerte existencia de con-

---

4 *Ibidem*, p. 56

5 GRUPO CONSULTOR DE MERCADOS AGRÍCOLAS (GCMA), "Documento de trabajo interno en Seminario Agrícola", en *El Financiero*, México-Monterrey, septiembre, 2021.

6 LEAL BUENFIL, Rubén, *Competencia Económica y Comercio Internacional*, México, Tiran Lo Branch, 2021, p. 27

sorcios y carteles reiterar que el sistema unificado para regular las prácticas ante competitivas es una estrategia posible en los momentos en que el comercio exterior sufre cambios cualitativos que van de un comercio territorial aduanero al comercio virtual digitalizado en donde los paradigmas clásicos del comercio mundial incluyendo la OMC y los tratados de libre comercio parecen declinar.

2. HACIA UN NUEVO COMERCIO EXTERIOR.

El comercio exterior, como actividad económica, está relacionada al derecho al desarrollo y debe responder a la sustentabilidad en sus objetivos y fines. Por ello se debe observar las innovaciones y progreso de la ciencia y tecnología, que se presentan en lo que se exporta, como se importa y a quién se ofertan los bienes y servicios, en los mercados.[7]

En dicho contexto hay que incorporar a los estudios de la asignatura a los cambios que se avizoran y dotar a los estudiantes de instrumentos y dinámicas que operan en el mundo real de las empresas globales.

Por ello, el enfoque del derecho a la ciencia, en la disciplina es visto como el derecho a informarse y compenetrarse de los cambios que las innovaciones y tecnología están provocando en los intercambios de mercancías y servicios sustractivos y aditivos; se trata de ubicar a los estudiantes en los contextos de negocios que se agitan en el nuevo comercio mundial que ya capturan más del 50 % de los intercambios mundiales (comercio virtual).[8]

---

7 Witker Jorge, *Régimen Jurídico del Comercio Exterior*, 3ar ed., UNAM, México, 2017.

8 Mancisidor, Michel, "El Derecho Humano a la Ciencia: un Viejo Derecho con un Gran Futuro", en *Anuario de Derechos Humanos número 13,* DOI. 105354/0718, México, 2017, p. 211-221.

Una distinción que es necesario realizar es que el comercio exterior clásico, centrado en los territorios aduaneros de países, en cuya frontera la aduana es el eje, comienza a variar sustantivamente. Así las principales variables de corte regulatorio aduanero comienzan a ceder espacios y competencias. Ello implica, que tarifas, nomenclaturas, valoración, reglas de origen y los regímenes aduaneros, erosionan su existencia y nuevas prácticas corporativas extienden su influencia.

Con todo, los numerosos tratados de libre comercio y acuerdos regionales siguen apegados a dichas variables y, por ello se afirma, que asistimos a una transición de un comercio vertical a otro de perfil horizontal en que las manufacturas aditivas y otras técnicas, modifican los enfoques conceptuales y legales en que se basan los actuales aprendizajes de comercio exterior.

En efecto, según vimos, transitamos de un comercio exterior territorial, con los paradigmas del derecho nacional a un comercio virtual o electrónico de tipo horizontal, articulado en cadenas productivas de valor y suministro que alteran usos, costumbre y prácticas empresariales que se debe empezar desde ya a registrar.

Otro aspecto a señalar es que los marcos constitucionales legales y reglamentarios ponen el acento en los escenarios “macro país”, visión vigente, pero insuficiente, para las nuevas prácticas corporativas, que se abren paso en el mundo real de las empresas globales y que los estudiantes deben empezar a familiarizarse con dicho horizonte corporativo.

En estas nuevas prácticas corporativas en expansión, conviene señalar el impacto que tiene, la inteligencia artificial (IA) y la automatización, que junto al comercio electrónico y los productos 3D y aditivos ya generan utilidades cuantiosas a las corporaciones multinacionales.

En el derecho a la ciencia, como derecho humano, nos parece trascendente y significativo informar y estimular a los estudiantes, comprender nociones generales sobre las nuevas tecnologías que comienzan a cambiar en forma cualitativa el comercio exterior.

Una agenda mínima al respecto de derecho a la información tecnológica y de innovación al respecto debe contemplar lo siguiente:

3. COMERCIO HORIZONTAL

Es el comercio que emerge con el internet a través del "e-comerce" que supone intercambio virtual, entre distintos operadores o agentes mercantiles o económicos. Dicho comercio horizontal lo integran dos categorías: cadenas de valor y cadenas de suministro, las que operan articuladas en sistemas productivos o de servicios integradas, grupos empresariales asociados o ligados por alianzas estratégicas supra o multinacionales, regionales o globales.

A. Cadena de valor

En el comercio horizontal se identifica a esta cadena como una estrategia empresarial que se hace competitiva, integrando y articulando procesos productivos o segmentos eficientes para lograr un producto final aceptado por el mercado. Fue planteado por Michael Porter en 1985, que destacó en su libro "Ventajas Competitivas de las Naciones" a partir del cual el concepto se extendió al universo corporativo. Surgió primero, a nivel de la empresa nacional cubriendo cuatro premisas fundamentales: grado de integración, panorama industrial, panorama de segmento y situación geográfica[9].

---

9 Documento Interno de Trabajo Comisión Asesora CONACYT. 202

Estas cadenas también distinguen actividades primarias (logísticas, marketing y servicios) y actividades de apoyo (infraestructura, recursos humanos, tecnología y compras) elementos todos indicadores de los márgenes de beneficio o utilidades.

Este enfoque, originalmente, estuvo orientado al mercado nacional y enfatiza materias primas e insumos internos, en donde las reglas de origen juegan un papel importante y el mercado externo no es estratégico.

Sin embargo, con la globalización de los mercados estas cadenas de valor pasaron a ser parte de alianzas estratégicas de las corporaciones globales y a predominar, en varias ramas productivas como la automotriz que se articulan a insumos y componentes tan nacionales, dando vida a las fábricas mundiales en donde la proveeduría de China y Japón, dominan dicho sector. Otras industrias como la aeroespacial, telecomunicaciones y farmacéuticas participan fuertemente en cadenas de este tipo.

Estas alianzas y cadenas alteran en parte, el comercio exterior tradicional, ya que predomina un comercio de insumos-partes, componentes y procesos, que no califican en las tarifas, valor aduanero, origen y muchas transacciones se hacen en forma recíproca, con producciones y procesos semiterminados sin productos finales, que exigen las tarifas.

B. Economía Circular.

Con el cambio climático, los sistemas productivos entran en una evaluación y crisis global. Los sistemas lineales de producción, que propician extraer materias primas verdes, transformarlas y elaborar productos, comercializarlos, consumirlos y volverlos basura, han ocasionado daños al ambiente y a la biodiversidad, afectando el calentamiento global, siembras y alimentos a los consumos vertiginosos de más de 7,000 millones de habitantes. Es decir, el aumento demográfico y la extensión del consumo, tienen en peligro el desarrollo y crecimiento de los pueblos.

La opción circular holística, es otra producción que desacopla las manufacturas de los recursos naturales verdes, que disminuye desperdicios-agua y energías y que alarga el ciclo de vida de los productos, aumentando su valor en cadenas articuladas integradas y eficientes, diseñada desde la visión emprendedora de empresarios innovadores.

Por esto, la economía circular se fundamenta en:

Desacoplar el crecimiento económico del consumo de materias primas virgen.

Disminuir desechos y desperdicios en los procesos productivos en general.

Mantener el valor de materiales y componentes en todo el ciclo de vida de los productos finales.

En consecuencia, la transición de un sistema productivo lineal a un sistema circular requiere cambios fundamentales a lo largo de la cadena de valor, desde el diseño del producto y los procesos de producción, hasta nuevos modelos comerciales y nuevos patrones de consumos.[10]

C. Cadena de suministro

También se conoce como de abastecimiento y resultan de un conjunto de actividades y operaciones involucradas para la venta de productos o servicios. Son fundamentalmente cadenas de servicios que se organizan para proveer de productos y servicios finales a compradores múltiples.

En la actualidad, por la división o segmentación de actividades empresariales, es difícil encontrar empresas con integración

---

[10] BROSSE Christopher, *La Basura no Existe, Hacia el Suprareciclaje y la Economía Circular*, San José, Costa Rica, 2021.

vertical desde la materia prima hasta el producto final, máxime que la tecnología, los nuevos materiales y las manufacturas aditivas, son factores de amplia presencia en los mercados globales.

Una característica de estas cadenas es la consolidación de ofertas de terceros para proceder a cubrir demandas cuantiosas y así asegurar las entregas "justo a tiempo", premisa básica de la competitividad vigente.

Por ello, el objetivo principal de estas cadenas es proveer de los artículos y materiales en cantidad, calidad y tiempos necesarios al menor costo posible y además establecer buenos canales de comunicación, contar con una coordinación adecuada, mejorar los tiempos de distribución, adecuar el manejo de inventarios, respetar los tiempos de entrega y ser oportunos en los cambios de demanda y oferta.[11]

Una cadena de suministro se integra por:

- proveedores
- transporte
- fabricantes
- clientes
- comunicación
- tecnología

Estos elementos que requieren una logística interna y externa son las bases fundamentales de las cadenas de suministro, tan difundidas en el comercio exterior actual y al estar insertas en el comercio exterior, necesitan una información legal in-

---

11 De los Ríos Ruiz, Alma, "T-MEC y las Nuevas Reglas del Comercio Electrónico en México". En obra colectiva *Libre Comercio o Comercio Administrado,* Facultad de Derecho, UNAM, p. 205

tegral para actuar bajo las prácticas corporativas que rigen los mercados actuales.

Este universo de comercio horizontal comprende el marco regulatorio que supone los parámetros del comercio exterior general, contenido que contempla la disciplina actual al cual deben adicionarse las regulaciones empresariales específicas como propiedad intelectual, competencia económica, tratamiento fiscal y aduanero, régimen laboral y migratorio, prácticas desleales etcétera. Es decir, la normatividad específica de la empresa que participa en el comercio exterior de forma integral.

D. La logística

Se trata de comprender toda la dinámica que se organiza para materializar una operación de comercio exterior: a saber selección de proveedores, precios, pedidos, ofertas, plazos, transportes, seguros, cláusulas contractuales, garantías, crédito y finanzas, etcétera, lo que implica y plantea una planeación operativa eficiente que estos momentos la inteligencia artificial y el aprendizaje automatizado, están presentes en la conocida entrega justo a tiempo que es la gran premisa de competitividad del comercio actual.

E. las tecnologías y recursos humanos

La conectividad es la estructura básica del mundo actual y por ello las nuevas técnicas de la información y comunicación (TICS), están impactando significativamente el desarrollo del comercio exterior. Así la utilización de la IA y aprendizajes automatizados y la robótica, permiten reconocer, procesar y analizar datos, imágenes, mercados y regiones y con ello mejorar los procesos logísticos del comercio internacional y ser más competitivos en los mercados.

Con dichas herramientas, las empresas evalúan el comportamiento de los proveedores y clientes, previendo con precisión el stock o almacén y los eventuales pedidos, evitando faltantes, reduciendo inventarios y registrando la capacidad de la oferta.

En la logística también, la tecnología permite a las cadenas de suministro, buscar las mejores rutas, predecir, reservas, cancelaciones y modificaciones de clientes, entregas oportunas, todo lo cual supone para las empresas de comercio exterior, reducir plazos de entrega que el tiempo en el estudio de mercados extranjeros.

Respecto al marketing, estas herramientas tecnológicas, abren un amplio horizonte en seleccionar clientes, registrar diseños, colores preferidos, de moda y con ello clasificar mercados y clientes para así tomar decisiones y ampliar los compradores potenciales en el mercado objetivo.

Finalmente, la tecnología colabora en la gestión y servicio a clientes, agilizando información y eliminando en parte, la propia barrera del idioma.

F. Recursos humanos

En este aspecto los trabajos especializados en todos los planos son exigencias que han transformado al mercado laboral en un mercado trasnacional que supera las restricciones de corte nacional y facilitan la migración global de técnicos y profesionales que tienen que dominar las innovaciones tecnológicas mencionadas y en donde creemos que el abogado del futuro tiene que estar familiarizado en estos lenguajes sin que ello implique una deformación de la formación legal. La interdisciplina es una variable estratégica que el derecho humano a la ciencia posibilita y que es el fundamento de esta reflexión.

G. Las manufacturas aditivas[12]

Como hemos visto las TICS y la Inteligencia Artificial, afectan también no solo la composición y naturaleza de los productos, sino también la clasificación de las mercancías lo que complica su tratamiento por sus efectos en los servicios la propiedad intelectual, los productos digitales y los derechos de autor. En este enfoque nos referimos a las manufacturas aditivas que por la virtualidad digital se ha ido extendiendo en amplios sectores del comercio internacional.

Así, los diseños de prototipos (CAD) (Diseño asistido por computadora) de 3D que una empresa encomienda realizar a otra empresa con especificaciones precisas a utilizar en el proceso productivo o de suministro, es elaborado en forma personificada finalmente, por una tercera empresa que aplica dicho prototipo, todo lo cual plantea problemas de propiedad intelectual, patentes o derechos de autor, respecto al verdadero titular de la mercancía final fabricada como herramienta o maquinaria. Fuera de la dificultad tarifaria respecto a este prototipo o diseño que como producto digital transita entre las empresas. En consecuencia, la manufactura aditiva es un proceso para la creación de objetos a través de ciertas tecnologías que son operadas por personas con la finalidad de generar un bien final. Por ello, se trata de un servicio quizás, toda vez que se presta una actividad para la obtención de un bien y es posible detectar tres etapas básicas:

- El diseño del CAT,
- La transmisión de la información y
- La construcción de los bienes finales en caso de que no se lleve a cabo por el usuario final

---

12 Porter, Michael, *Ventaja Comparativa de las Naciones,* España Trota. 1986.

El proceso mencionado se lleva a cabo al unir materiales para ser parte del diseño 3D, usualmente capa por capa que culminan en prototipos o modelos físicos, patrones, componentes de herramientas, producción de partes o componentes, etcétera, en materiales de plástico, metal, cerámica, vidrio que se operan por rociado, curación, luz o fusión de materiales.[13] (10)

Ahora bien, estas manufacturas impactan el comercio exterior tradicional puesto que pueden asimilarse a un programa informático, a un bien final, a un producto digital o a un servicio, problemática que no ha estado hasta el momento, resuelta ni por las legislaciones nacionales ni por alguna convención o instrumento internacional. La propia organización mundial aduanera, ha sugerido en el sistema armonizado de designación y codificación de mercancías una subpartida en la partida 84 85 para clasificar las máquinas para manufactura aditiva, sugerencia que no ha prosperado hasta el momento.

Conviene señalar que esta tecnología digital está en expansión en los sectores industriales de transporte ferroviario, marítimo, aéreo, en salud (especialmente en la elaboración de huesos de titanio y otros materiales), en la industria farmacéutica (medicamentos de laboratorios integrados), automotriz, cadenas de suministro digitalizadas, aeroespacial, componente de naves y herramientas de materiales como litio, etcétera.

Finalmente, destacamos estos aspectos de innovaciones tecnológicas que impactan el comercio exterior y que reclaman la información general actualizada al respecto como manifestación de un derecho humano a la ciencia que corresponde suministrar y ejercer en los aprendizajes de una disciplina tan importante como la competencia económica.

---

13 Instituto Nacional de la Economía Social, "Conoce las cadenas de valor" en Gobierno de México, [en línea] <https://www.gob.mx/inaes/es/articulos/conoce-las-cadenas-de-valor?idiom=es>

4. CONSIDERACIONES FINALES

Como podemos observar, competencia y libre comercio, son escenarios que derivan de la forma multilateral de organización del comercio mundial, que arranca desde la creación del GATT (Acuerdo General de Aranceles y Comercio), en que se intenta restablecer la economía de mercado en contextos de regulaciones y deberes a seguir por los agentes económicos. Es así, como el libre comercio abrió los mercados gradualmente sin considerar los efectos, que la globalización en gestación planteaba a los mercados nacionales, especialmente con las irrupciones de las empresas transnacionales que por capital y tecnología, ha ido concentrado cada vez más la oferta de bienes y servicios.

La experiencia a la fecha, muestra que al estar separados ambas regulaciones, los menos beneficiados con el libre mercado, han sido los consumidores y empresarios nacionales los que no han podido competir ante los obstáculos a la libre concurrencia que supone la existencia de grandes corporaciones y cárteles.

Paralelo a ello el comercio global, inter-empresas ha desplazado las regulaciones de políticas públicas y modificado los intercambios, de perfil vertical por prácticas mercantiles horizontales donde las cadenas de valor y suministro alteran las disciplinas con que los estados nacionales regulaban y regulan el comercio internacional, vía tratados de libre comercio o de integración.

Las innovaciones tecnológicas, impulsada por la inteligencia artificial, obligan a que los estudiantes de las disciplinas comiencen a familiarizarse con prácticas y lenguajes vigentes en el mundo real de los negocios, y desde la perspectiva jurídica puedan comprender y lograr en los nuevos escenarios y agentes económicos que la posglobalización está planteando.

Fuentes Consultadas.

ACEMOGLU, Daron y Robinson James A. *Por qué Fracasan los Países,* Crítica, 2012.

BROSSE Christopher, La Basura no Existe, Hacia el Suprareciclaje y la Economía Circular, San José, Costa Rica, 2021.

CISTERNAS, Luis, Et al. *Economía Circular en Procesos Mineros,* Ril editores, Santiago, Chile, 2021.

DE LOS RÍOS RUIZ, Alma. "T-MEC y las Nuevas Reglas del Comercio Electrónico en México". Pág. 205. En obra colectiva Libre Comercio o Comercio Administrado. Facultad de Derecho de la UNAM.

GARRIDO, Manuel. *Estar de más en el globo,* Grijalbo, México, 1999.

LEAL BUENFIL Rubén. *Competencia Económica y Comercio Internacional.* México. 2021. Tiran Lo Branch.

MANCISIDOR Michel, "El Derecho Humano a la Ciencia: un Viejo Derecho con un Gran Futuro". México *Anuario de Derechos Humanos,* número 13. 2017.

MOTA, Massimo, *Política de Competencia, Teoría y Práctica,* Fondo de Cultura Económica, México, 2018.

OROPEZA, Arturo y Berasaluce, Julen. *De la Revolución Industrial a la Revolución Digital,* IIJ-UNAM, México, 2021.

PORTER Michael, "Ventaja Comparativa de las Naciones". España Trota. 1986.

WITKER Jorge, *Régimen Jurídico del Comercio Exterior,* 3ar ed., UNAM, México, 2017.

WITKER, Jorge, *Derecho de la Competencia en América.* México-Chile. Fondo de Cultura Económica. 2000.

ZAPATERO, Pablo. *Derecho del Comercio Global,* Civitas, Madrid, España, 2003.